XINSHIDAI
SHENGTAI WENMING JIANSHE DE
ZHIDU YOUSHI YU CHUANGXIN FAZHAN YANJIU

新时代
生态文明建设的
制度优势与创新发展研究

李 宏 ◎ 著

世界图书出版公司
广州·上海·西安·北京

图书在版编目（CIP）数据

新时代生态文明建设的制度优势与创新发展研究 / 李宏著
. — 广州 : 世界图书出版广东有限公司， 2024.6
ISBN 978-7-5232-1304-9

Ⅰ.①新… Ⅱ.①李… Ⅲ.①生态环境建设—研究—中国 Ⅳ.①X321.2

中国国家版本馆CIP数据核字（2024）第111499号

书　　名：新时代生态文明建设的制度优势与创新发展研究
XINSHIDAI SHENGTAI WENMING JIANSHE DE ZHIDU YOUSHI YU CHUANGXIN FAZHAN YANJIU
著　　者：李　宏
责任编辑：朱　霞　翁　晗
装帧设计：苏　婷
出版发行：世界图书出版有限公司　世界图书出版广东有限公司
地　　址：广州市海珠区新港西路大江冲 25 号
邮　　编：510300
电　　话：（020）84452179
网　　址：http://www.gdst.com.cn/
邮　　箱：wpc_gdst@163.com
经　　销：新华书店
印　　刷：广州小明数码印刷有限公司
开　　本：787 mm × 1 092 mm　1/16
印　　张：14
字　　数：194 千字
版　　次：2024 年 6 月第 1 版　　2024 年 6 月第 1 次印刷
国际书号：ISBN 978-7-5232-1304-9
定　　价：68.00 元

　　生态兴则文明兴，生态文明建设是事关中华民族永续发展的根本大计。坚持和发展什么样的中国特色社会主义生态文明、怎样坚持和发展中国特色社会主义生态文明，是新时代赋予我们的重大课题。制度是管根本、管长远的。人类面临的生态环境危机根源于"制度危机"，生态文明建设的关键是制度体系建设。生态文明建设是一场涉及生产方式、生活方式的根本性变革，要实现这样的变革，离不开制度和法治的保障。社会主义生态文明是一种新的文明形态，它负载时代价值和制度属性。中国特色社会主义生态文明制度是在中国特色社会主义制度的范畴内，为实现人与自然和谐与共所制定的各种规则的总和。中国特色社会主义生态文明制度是中国共产党把马克思主义基本原理同中国具体实践相结合的重大成果，是中国特色社会主义制度体系的重要组成部分和新的发展形态，是新时代中国特色社会主义事业的伟大创举。

　　没有中国特色社会主义生态文明制度的现代化，中国特色社会主义生态文明的伟大事业就无法实现。中国特色社会主义生态文明制度是推动我国生态文明建设和环境保护事业发展的根本依据。以习近平同志为核心的党中央高度重视生态文明制度建设，明确指出我们不仅要在思想上高度重视生态文明制度建设，而且要在行动上加快推动相关制度建设，通过不断坚持和完善生态文明制度体系，为实现人与自然和谐共生的现代化提供制度基础。党的十九届四中全会审议通过的《中共中央关于坚持和完善中国特色社会主义制度、推进国家治理体系和治理能力现代化若干重大问题的决定》，既阐明了我国生态文明制度建设必须坚持的重大制度和基本原则，又部署了我国推进生态文明制度建设的重大任务和重要举措，在生态文明建设领域回答了新时代"坚持和巩固什么、完善和发展什么"这一时代课题。

中国特色社会主义生态文明制度是中国共产党领导中国人民进行伟大实践的成果，它具有鲜明的中国气派、民族风格、时代特色。实现人与自然和谐共生是中国特色社会主义现代化建设的应有之义，也是中国特色社会主义生态文明制度建设的根本归宿。中国特色社会主义进入新时代，不断满足人民群众对美好生活环境的需求，成为中国共产党孜孜以求的奋斗目标。新时代我们要始终坚持马克思主义的指导地位和中国共产党的坚强领导，坚持中国特色社会主义生态文明制度自立，增进中国特色社会主义生态文明制度自觉，筑牢中国特色社会主义生态文明制度自信，强化中国特色社会主义生态文明制度创新，推动生态文明制度更加成熟，建设人与自然和谐与共的现代化国家，努力同世界人民一道共建美丽地球家园。

生态文明是一种新的文明形态。党的十八大报告把生态文明建设纳入中国特色社会主义事业"五位一体"总体布局，推进生态文明建设，努力实现美丽中国目标。现代社会的发展是由"人治"社会向"法治"社会的转变，制度的地位和作用日渐凸显，制度体系建设成为阻碍社会发展进步的最大"瓶颈"。社会发展离不开制度这一要素，制度是社会发展理念落实到具体实践的重要方式，任何重要的发展理念，必须要有与之相适应的制度安排，才能转化为具体的发展路径。中国特色社会主义制度体系是我国经济社会发展的基本保障和重要支撑，生态文明制度是推动生态文明建设和环境保护事业发展的根本依据。坚持和完善生态文明制度体系，促进人与自然和谐共生，这既是实现从"中国之制"到"中国之治"的重大举措，更是党和国家的一项长远性重大战略。

　　唯物史观是首个对人类社会制度变迁的一般规律作出系统阐述的科学理论体系，制度理论就是唯物史观的重要内容之一。马克思主义中国化是一个主客体之间相互作用的历史过程，是一个"进行时"而非"完成时"。马克思主义中国化在发展的历史过程中形成了丰硕的实践经验和理论创新成果，形成了中国特色社会主义的理论体系、中国特色社会主义的实践道路、中国特色社会主义的制度体系。中国特色社会主义生态文明制度归根到底是马克思主义原理与中国具体实践相结合的产物。基于马克思主义中国化的理论视角，研究中国特色社会主义生态文明制度建设，能够正本溯源。

　　当今世界正处于大变革、大调整时期，好的制度能够促进人类社会的进步，坏的制度必然阻碍人类社会的进步。人类面临的生态问题首先是一个社会性的制度问题，中国与西方国家的生态文明建设存在根本的制度性差异，社会主义制度具有资本主义无可比拟的优越性。生态文明制度建设是国家生态领域治理体系和治理能力现代化建设的重要组成部分。生态文明制度建设充分彰显了中国特色社会主义的独特优势。只有坚持和完善国家生态领域治理体系和治理能力现代化的具体制度，才能不断完善满足人民群众对美好生活期待必备的生态文明制度。

　　中国特色社会主义生态文明制度是马克思主义中国化的新发展，是新时代中国特色社会主义的新理论和新实践。生态文明制度建设是一个庞大的体系，涉及经济社会发展的各领域和全过程。对中国特色社会主义生态文明制度建设而言，"建设"有两层内涵：一是既包括对已被证明有效的制度的合理继承，又包括基于新时代中国特色社会主义事业发展而进行的制度创新；二是既包括某一具体制度的建设，又包括内在子系统的建设。新时代中国特色社会主义生态文明制度建设，既涉及自然系统与社会系统之间的耦合，又涉及人类生产方式、生活方式及其消费方式的内在转变。

　　中国特色社会主义生态文明制度建设是一个重要而又紧迫的课题，我们面临如何准确把握生态文明与制度文明的关系；如何正确厘清从制度、制度化再到制度体系建设的内在机理；如何科学阐释制度建设、制度文明、制度自信和制度自省的辩证关系；如何正确把握生态文明制度的需求、供给、优化及其科学实施；如何准确把握生态文明制度建设的纵向演化与横向比较；如何科学把握中国特色社会主义生态文明制度建设的规律性等问题。探寻坚持和完善生态文明制度体系的思路和路径，是本研究的价值所在。

本书着眼于对生态文明制度进行整体性研究，遵循以下研究思路：探究中国特色社会主义生态文明制度的生成逻辑，充分认识推进中国特色社会主义生态文明建设的历史必然性，进一步阐释制度建设在生态文明建设中的重要性；科学阐释中国特色社会主义生态文明制度建设的基本内涵及其特征，力求准确把握中国特色社会主义生态文明制度的逻辑理路；立足新中国成立以来生态文明制度建设的丰硕实践，深刻分析我国生态文明制度建设面临的问题与不足，把握好从制度、制度化再到制度体系建设的内在机理，阐释制度建设、制度文明、制度自信及制度自省的本质，从而科学把握中国特色社会主义生态文明制度建设的规律，并探求发展和完善中国特色社会主义生态文明制度的基本思路和可能进路；深刻学习和领会习近平生态文明制度思想，系统阐释中国特色社会主义生态文明制度的优势所在，并为全球生态文明建设贡献中国智慧和中国方案，肩负起把全人类对美好生活环境的需求变为现实的使命与担当。

本书采用了理论研究和实践分析相结合的研究方法。具体而言，一是文献诠释法。马克思主义制度理论是一个较为庞大的理论体系，对制度问题的研究离不开对文献资料的梳理。一方面，马克思、恩格斯、列宁所著的马克思主义经典著作中蕴含丰富的制度理论和生态思想，研究生态文明制度建设离不开对这些经典文献的梳理、归纳、提炼和整理；另一方面，马克思主义中国化理论和实践成果丰富，形成了一系列关于中国特色社会主义理论、道路、制度的研究成果。党的十八大以来，关注生态文明建设的学者较多，研究成果颇丰，需要对这些既有文献进行梳理、归纳、提炼和整理。二是综合分析法。生态文明制度建设涉及我国政治、经济、文化、社会发展的全过程和全领域，生态文明制度建设与其他子系统相互联系、相互作用，需要从系统的观点出发，从整体与部分、眼前利益与长远利益之间的关系出发，以整体推进顶层设计和协同发展的视角考察我国生态文明制度建设。三是历史与理论相统一的方法。马克思主义是一个科学的理论体系，目前我们依然处于马克思主义所指明的历史时期。生态文明制度研究，既要基于马克思主义的基本立场、观点及方法，又要立足中国社会主义现代化建设实际情况。中国特色社会主义是科学社会主义理论逻辑和中国社会发展历史逻辑的辩证统一，将生态文明制度置于我国社会发展的历史进程当中，将生态文明制度建设与生态文明制度历史发展相结合，有助于做到史论结合。四是理论联系实际的方法。制度具有理论与实践的双重属性，生态文明制度建设既有很强的理论性，又具有重要的实践性。一方面，生态文明制度理论是马克思主义中国化的重要成果；另一方面，生态文明制度建设能够支撑社会主义事业发展需要。研究中国特色社会主义生态文明制度问题，应明确中国特色社会主义所处历史方位、发展阶段，结合中国社会发展的实际境况，用理论指导具体实践，并将具体实践经验上升为理论。

基于新时代中国特色社会主义的历史方位，本书以马克思主义中国化进程中的制度建设为切入点，以新时代中国特色社会主义生态文明制度建设为研究视域，运用马克思主义的立场、观点和方法，在继承中华优秀传统文化和批判吸收西方文明成果的基础上，对中国特色社会主义生态文明制度建设的理论基础、历史进程、实践经验、内在结构、现实意义等方面进行了系统深入的研究。

本书共六章。第一章提出问题——生态文明制度建设何以可能、何以可为，通过阐明生态文明与制度文明相互交融的内在逻辑关系，阐释了生态文明制度建设研究的时代价值；第二章梳理了马克思主义经典作家为生态文明制度建设奠定的理论基础，分析了中国化马克思主义为生态文明制度建设提供的理论指引，探寻了中华优秀传统文化和可资借鉴的西方理论为生态文明制度建设提供的思想资源；第三章探求了新中国成立 70 多年来我国生态文明制度建设的历程，进一步阐明了新时代中国特色生态文明制度建设的内在逻辑；第四章概述了新时代生态文明制度建设的基本内涵及其显著特征，梳理了中国特色社会主义制度建设所取得的成效，解释了新时代生态文明制度面临的挑战及原因；第五章总结了中国特色社会主义生态文明制度的显著优势和基本经验，阐明了中国特色社会主义生态文明制度建设的国家意义和世界意义；第六章阐述了我们要坚定制度自信和坚持改革创新相统一，在守正中求创新、在创新中务守正，探求了新时代生态文明制度创新的可行路径。

目 录 ▷

CONTENTS

第三章　我国生态文明制度建设的历史考察与内在逻辑

第四章　我国生态文明制度建设的基本概述

第五章　我国生态文明制度建设的显著优势、基本经验及现实意义

第六章　我国生态文明制度建设的守正与创新

绪　论

第一节　研究缘起与研究意义

一、研究缘起

生态环境问题是全世界面临的共同难题，也是学界研究的热点之一。面对全球性的生态环境危机，人类将走向何处？这一问题是时代赋予全人类的重大问题，我们需要深入了解和分析当今时代的本质特征和发展趋势，科学回答"人类走向何处"这一时代大课题。马克思说过："一个时代的迫切问题，有着和任何在内容上有根据的因而也是合理的问题共同的命运：主要的困难不是答案，而是问题……问题是时代的格言，是表现时代自己内心状态的最实际的呼声。"[①] 习近平总书记指出："只有聆听时代的声音，回应时代的呼唤，认真研究解决重大而紧迫的问题，才能真正把握住历史脉络、找到发展规律，推动理论创新。"[②] 在新的历史条件下，应对全人类面临的全球性的生态环境危机，指引人类走向更加光明的未来，是新时代中国特色社会主义现代化建设必须要回答的重大而迫切的问题。

生态文明建设是关系中华民族永续发展的根本大计。满足人民群众对

---

① 马克思恩格斯全集（第 1 卷）[M]. 北京：人民出版社，1995:203.
② 习近平. 在哲学社会科学工作座谈会上的讲话 [M]. 北京：人民出版社，2016:14.

美好生活环境的向往和追求，是新时代中国特色社会主义事业发展的出发点和落脚点。生态文明是一种新的文明形态，昭示着全人类未来发展的美好目标和根本归宿。大自然是人类赖以生存发展的基本条件。尊重自然、顺应自然、保护自然，是全面建设社会主义现代化国家的内在要求。党的十八大以来，党和国家把生态文明建设纳入中国特色社会主义事业"五位一体"的总体发展布局，把生态文明制度建设摆在更加突出的战略位置，并将生态文明制度建设融入经济社会发展的各领域和全过程，努力建设人与自然和谐共生的社会主义现代化国家。

中国特色社会主义制度是中国化马克思主义的重要载体和具体呈现。中国特色社会主义制度是中国共产党领导中国人民经过艰苦探索、创造和积累的伟大成就，是中国共产党把马克思主义基本原理同中国具体实际相结合的重大成果。马克思主义中国化是中国特色社会主义道路创新、理论创新与制度创新的有机统一体。中国特色社会主义制度是一个科学的体系，也是一个不断发展的制度体系，而生态文明制度是中国特色社会主义制度体系的重要组成部分和新的发展形态。

制度是人类社会生活的产物，是人类文明的基石。制度是管根本、管长远的。人类面临的发展危机根源于"制度危机"，人类文明建设的关键是制度建设。习近平指出："相比过去，新时代改革开放具有许多新的内涵和特点，其中很重要的一点就是制度建设分量更重，改革更多面对的是深层次体制机制问题，对改革顶层设计的要求更高，对改革的系统性、整体性、协同性要求更强，相应地建章立制、构建体系的任务更重。"[①] 新时代中国共产党进行的全面深化改革涉及更深层次的体制机制问题，重点凸显了改革的系统性、整体性及协调性，制度、制度化及制度体系建设的任务

---

① 中共中央关于坚持和完善中国特色社会主义制度、推进国家治理体系和治理能力现代化若干重大问题的决定 [M]. 北京：人民出版社，2019:52.

更为重要，这首先要求我们深化对中国特色社会主义制度的系统性研究。实践证明，好的制度能够促进一个社会的文明进步，坏的制度势必阻碍一个社会的发展。制度建设是我国生态文明建设的重要内容和关键环节，坚持和完善生态文明制度体系是提升我国生态文明建设水平的重要标志。那么，生态文明制度建设的内涵是什么？如何通过制度建设将生态文明融入我国"五位一体"的总体布局？如何坚持和完善生态文明制度？如何构建生态文明制度体系？如何进一步发展生态文明制度的独特优势，引领世界的可持续发展？这些问题是当代中国生态文明建设面临的迫切而现实的重大问题。

生态文明建设的关键在于生态文明制度体系的建设。中国共产党是中国特色社会主义生态文明建设的倡导者、参与者与引领者，也是中国特色社会主义生态文明制度的发起者、制定者与执行者。党的十八大报告首次提出了生态文明制度建设，明确要通过制度建设保障我国生态文明建设；党的十八届三中全会进一步强调，建设生态文明，要建立系统完整的生态文明制度体系；党的十九大报告提出，要实行最严格的生态环境保护制度，加快构建生态文明制度体系。

恩格斯指出："人本身是自然界的产物，是在他们的环境中并且和这个环境一起发展起来的。"[①] 生态文明建设是人类文明进步的重要成果，生态文明建设要以更加成熟定型的制度为根本保障。"生态文明"和"生态文明制度"都是中国共产党原创性的伟大成果。中国特色社会主义现代化建设面临的生态环境问题，是新时代必须要面对并解决的课题。党和国家不仅要在思想上重视生态文明建设，而且要在行动上重视生态文明制度建设，不断完善生态文明制度建设体系，为实现人与自然和谐与共的现代化提供制度保障和根本遵循。

[①]　马克思恩格斯全集（第 20 卷）[M].北京：人民出版社，1971:38-39.

党的十八大以后，中国特色社会主义进入新时代。新时代体现了中国从站起来、富起来到强起来的新的历史阶段，新时代体现了中国社会的主要矛盾发生改变。与此同时，我们更应清楚认识到，中国特色社会主义生态文明建设正处于负重前行的关键期，中国特色社会主义正处于满足人民日益增长的优美生态环境需要的攻坚期。因此，我们需要开启中国特色社会主义生态文明制度建设的研究视域，探求中国特色社会主义生态文明制度建设的内在规律，系统把握新时代中国特色社会主义生态文明建设制度的理论基础、历史脉络、体系结构、人类贡献、守正创新等问题。巩固中国特色社会主义生态文明建设的已有成果，坚持和完善中国特色社会主义生态文明制度，把生态文明制度优势转化为治理效能，进一步推动我国生态环境根本好转，并为建设清洁美丽新世界贡献中国智慧和中国方案，这无疑具有重大的理论意义和实践意义。

二、研究意义

本研究以新时代中国特色社会主义生态文明制度建设为研究的切入点，通过深刻阐释新时代中国特色社会主义生态文明制度建设的理论和实践，为我国生态文明建设提供强有力的理论拓展和建设指引。

（一）理论意义

第一，推进马克思主义的时代化。制度问题是全球化时代人类面临的共同议题。制度问题是马克思主义理论的核心命题，也是马克思主义的重要内容之一。制度视角是马克思主义研究人类社会发展的重要切入点，马克思主义深刻探究了社会发展的制度形态，在对资本主义制度深刻批判的基础上，阐释了人类社会发展的动力来源和基本规律。制度理论是马克思主义的精华所在，它具有完整的理论体系和丰富的实践基础。马克思主义致力于既要认识世界，又要改变世界，而制度既是认识世界和改变世界的研究对象，也是重要载体。生态文明是一种新的文明形态，它负载时代属性和制度属性。但制度建设有何内在规律？如何推进生态文明制度建设？重视对马克思主义制度理论的发展，探求历史唯物主义视阈下的生态文明制度创新问题，是马克思主义研究的热点、重点和难点问题。对马克思主义制度问题的研究，重视马克思主义中国化研究的制度视域，是推进当代马克思主义中国化研究的理论应然。

第二，推进马克思主义的中国化。马克思主义是科学的理论体系，中国共产党把马克思主义基本原理与中国具体实际相结合，形成中国化的马克思主义理论成果，以指引我国社会主义革命、建设、改革的伟大实践。开启中国化马克思主义研究的生态文明制度视域，是推进马克思主义新发展的客观需要。一方面是将马克思主义在中国具体化、时代化、大众化；另一方面是将中国具体实践抽象概括后上升到理论高度，进一步丰富和发展马克思主义。生态文明制度建设理论是中国特色社会主义理论体系的重要组成部分，研究生态文明制度建设理论有利于加深对习近平生态文明思想的认识和理解。立足中国特色社会主义生态文明建设的实践经验，加以理论化、制度化、体系化，一方面提升生态文明制度体系和制度结构的研究水平，有利于生态文明制度理论的拓展；另一方面，通过构建丰富的生态文明制度理论，有利于加强对新时代生态文明制度建设的具体指导。

第三，推进中国化马克思主义的世界化。马克思主义是全人类的宝贵财富，生态文明制度建设的经验积累并不是局限于一国或几国，而是涉及世界各国。事实上，对生态文明制度建设方面的探索，西方国家相对早一些。积极吸收优秀人类文明成果，实现世界各国文明交流互鉴，既是中国特色社会主义生态文明制度建设的内在需求，也是中国特色社会主义生态文明制度理论向世界传播的必然过程。一方面，我国生态文明制度建设有益吸收西方碳税制度理论、环境资源产权制度理论、气候资源产权制度理论等；另一方面，生态文明和生态文明制度是我国首创的系统理论和伟大实践。生态文明关乎全人类的共同福祉，我们倡导的"生命共同体"理念已得到国际社会的高度肯定和普遍认同，并为全球生态文明建设贡献东方智慧和中国方案。

（二）实践意义

第一，推进生态文明制度建设是丰富和发展中国特色社会主义制度的内在要求。制度问题既是一个重大的理论问题，也是一个重要的现实问题。制度问题是当代全人类面临的共同议题、共同挑战。制度建设是一个国家发展的根本所在，坚持和发展中国特色社会主义制度是由我国的国家性质决定的。中国社会发生的历史巨变，其核心是制度的变迁。我们能否建立起一套成熟稳定、良性运行的社会主义制度，既关乎国家治理体系和治理能力的现代化，又关乎中华民族伟大复兴的千秋伟业。制度建设是推进中国特色社会主义生态文明建设的关键环节，建章立制、有章可循，用制度保障生态文明建设科学化、常态化、规范化，增强实践活动的自觉性和前瞻性，有助于建设人与自然和谐与共的现代化国家。

第二，推进生态文明制度建设有利于满足人民对美好生活的制度期待。生态文明建设是事关国家兴旺发达、人民福祉增进的重大问题。我国社会主义发展进入新时代，良好的生活环境和生态产品是人民美好生活的重要内容，满足人民群众对美好生活环境的需要离不开生态文明制度的保障。加强对新时代中国特色社会主义生态文明制度的研究，满足人民对美好生活的生态文明制度需求和期待，进一步厘清新时代我国生态文明制度建设的重要内容，深入探究我国生态文明建设的制度性优势及面临的挑战，有针对性地提出完善生态文明制度建设的意见和建议，为相关部门做出决策和出台制度提供一定的依据，这对中国特色社会主义生态文明制度体系建设大有裨益。

第二节 生态文明制度建设的回顾与前瞻

一、国外研究现状

20世纪五六十年代以来，西方国家普遍面临大气污染、水污染、土壤污染、固体废弃物污染等生态环境问题，与此同时，淡水资源、森林资源、土地资源、矿产资源短缺等问题亦十分突出。未来学家阿尔文·托夫勒（Alvin Toffler）指出："第二次浪潮（工业文明）引起了前所未有的极其严重的后果，它对地球生态系统的毁坏是无可挽救的，超过了早先任何时候的灾难。"[①] 生态环境危机已不是个别国家或局部地区的危机，而是包括发达国家和发展中国家在内的全球性危机。国外关于生态环境问题的研究起步较早，理论流派众多，且研究成果颇为丰富，现将相关研究梳理如下。

（一）倡导人与自然和谐相处

生态环境问题是工业革命的产物，西方学界对生态问题的关注由来已久。十八世纪法国启蒙思想家卢梭（Jean-Jacques Rousseau）在《漫步遐想录》中指出，人类历史包含自然状态和社会状态，人是自然的一部分，但矿坑、深井、熔炉、烟雾破坏了人世间美好的形象。美国思想家梭罗（Henry David Thoreau）在其代表作《瓦尔登湖》中指出，亲近自然是人类精神健康的构成要素。自然是生命的源泉，只有在自然之中，人类的德性才能得到提高。以约翰·缪尔（John Muir）为代表的早期自然保护主

---

① （美）阿尔温·托夫勒.第三次浪潮[M].朱志焱，潘琪，张焱，译.上海：生活·读书·新知三联书店，1983:175.

义者认为，自然是一个有机的整体，地球是一个生生不息的有机体。人类只是自然共同体的一个普通成员，人类不能过分抬高自己的地位和价值。阿尔伯特·史怀泽（Albert Schweitzer）在《敬畏生命》一书中指出，善的本质就是保持生命、促进生命，使生命实现其最高价值；与之相反，恶的本质就是毁灭生命、损害生命，阻碍生命的发展。美国当代环境史学家罗德里克·弗雷泽·纳什（Roderick F. Nash）在《大自然的权利：环境伦理学史》中明确指出，大自然拥有权利——这些权利是人类必须予以尊重和捍卫的。霍尔姆斯·罗尔斯顿（Holmes Rolston）在《环境伦理学》一书中指出，人类是有道德的物种，人类应当从道德上关心其他物种，要欣赏并尊重自然的内在价值。

（二）反思人类中心主义

蕾切尔·卡森（Rachel Carson）在《寂静的春天》中揭示了工业革命给地球上的生命带来的巨大危害。例如，DDT（化学农药）的广泛使用给鸟类带来了灭顶之灾，促使人类反思"征服自然"的理论与实践困境。罗马俱乐部（Club of Rome）作为国际性的民间学研究团体，致力于研究未来的科学技术革命对人类发展的影响，先后出版了《增长的极限》《走出浪费的时代》《走向未来的道路图》等颇具影响力的著作。其中，《增长的极限》一书揭穿了经济无限增长的神话，指出人类应在全球范围内采取协调发展的行动，改变粗放的发展模式，走可持续发展之路。丹尼尔·科尔曼（Daniel Coleman）作为美国绿党的创立者之一，在其著作《生态政治》中指出，工业文明高度重视谋利，并激发技术服务于这些价值观，坚持资本利益至上，甚至不惜毁损地球。比尔·麦克基本（Bill Mckibben）在《自然的终结》一书中指出，人类征服了整个地球，驯服了地球上的所有生物。人类回不到原初的美好自然，只能生活在枯燥的、人工合成的未来之中。塞尔日·莫斯科维奇（Serge Moscovici）在《论自然的人类历史》《反自然的社会》《驯化人与野性人》等著作中指出，当今时代正困顿于世界的去魅。人类想要摆脱这种困境，就必须恢复世界之魅，改变我们的生产方式和生活方式。无政府主义者默克·布克金（Murray Bookchin）在其《我们人造的环境》中指出，生态环境问题的"社会根源"，是人的态度、价值观和社会制度。

（三）指认资本主义反生态的本质

生态文明何以可能？对此，西方生态学马克思主义进行了有益探索。例如，威廉·莱斯（William Leiss）的《对自然的统治》《满足的极限》，本·阿格尔（Ben Agger）的《论幸福和被毁灭的生活》《西方马克思主义概论》，安德烈·高兹（Andre Gorz）的《作为政治的生态学》《资本主义—社会主义—生态学》，戴维·佩珀（David Pepper）的《现代环境主义的根源》《生态社会主义：从深生态学到社会正义》，詹姆斯·奥康纳（James O'Connor）的《自然的理由——生态学马克思主义研究》，乔尔·克沃尔（Joel Kovel）的《自然的敌人——资本主义的终结还是世界的终结》，约翰·贝拉米·福斯特（John Bellamy Foster）的《马克思的生态学》《生态危机与资本主义》，等等。他们认为，资本主义制度是当代全球性生态危机产生的根源。

其一，资本主义制度是反生态的。詹姆斯·奥康纳认为，资本主义制度内含双重矛盾和双重危机。其中，双重矛盾中的第一类矛盾指的是马克思对资本主义矛盾的概述，即生产力与生产关系之间的矛盾；第二类矛盾指的是资本主义生产的无限性与生产条件的有限性之间的矛盾。双重危机是指资本主义社会的经济危机和生态危机。约翰·贝拉米·福斯特指出，资本的无限欲望是资本主义与其他社会制度的本质区别所在，因为"资本的扩张本性与地球有限生态系统之间必然会出现矛盾冲突"①。戴维·佩珀认为，以追求利润为唯一目的的资本主义本质上是敌视生态环境的，"资本主义的生态矛盾使可持续的或'绿色的'资本主义成为一个不可能的梦

---

① （美）约翰·贝拉米·福斯特. 生态危机与资本主义 [M]. 耿建新，宋兴无，译. 上海：上海译文出版社，2006:69.

想，因而是一个骗局"。①

其二，资本主义生产方式直接导致了生态环境危机。福斯特将资本主义生产方式形象地比喻为"踏轮磨坊式的生产方式"，以说明资本主义为了实现资本的增殖而必然无限度地扩大生产，但"在有限的环境中实现无限扩张本身就是一个矛盾，因而在全球环境之间形成了潜在的灾难性的冲突"。②戴维·佩珀认为，为了追求利润的最大化，资本主义生产必然会遵循"收益内在化和成本外在化"③的原则，资本家将环境危机转嫁，一方面，损害其他人及其子孙后代的利益，为资本家破坏生态环境的逐利行为承担后果；另一方面，通过生态帝国主义或生态殖民主义策略，从发展中国家掠夺资源，并向发展中国家转移生态环境问题。

其三，资本主义消费异化直接导致了生态危机。西方生态马克思主义者认为，资本主义制度本质上是商品经济，只有实现从商品生产到消费的转变，资本才能获益。因此，资本家不断激发人们对商品无限的需求，制造更多"虚假需求"，这成为资本主义发展的必然选择。事实上，消费异化的本质是人们为了消费而消费，正如奥康纳认为的那样，商品消费率的不断增长是资本主义社会的内在趋势，它的必然伴生物就是生态灾难。④福斯特指出："资本主义是一种直接追求财富而间接追求人类需求的制度。实际上，第一个目的完全超越和改造了第二个目的。"⑤在生态马克思主义

---

① （英）戴维·佩珀. 生态社会主义：从深生态学到社会正义 [M]. 刘颖，译. 济南：山东大学出版社，2005:139.
② （美）约翰·贝拉米·福斯特. 生态危机与资本主义 [M]. 耿建新，宋兴无，译. 上海：上海译文出版社，2006:2.
③ （英）戴维·佩珀. 生态社会主义：从深生态学到社会正义 [M]. 刘颖，译. 济南：山东大学出版社，2005:106.
④ （美）詹姆斯·奥康纳. 自然的理由——生态学马克思主义研究 [M]. 唐正东，臧佩洪，译. 南京：南京大学出版社，2003:330.
⑤ （美）约翰·贝拉米·福斯特. 生态危机与资本主义 [M]. 耿建新，宋兴无，译. 上海：上海译文出版社，2006:90.

看来，要实现生态正义，就必须从根本上变革资本主义制度，走生态社会主义道路。生态马克思主义将资本主义批判的矛头指向资本主义制度，正如戴维·佩珀所指出的那样："生态社会主义的人类中心主义是一种长期的集体的人类中心主义，而不是新古典经济学的短期的个人主义的人类中心主义。"①印度学者萨拉·萨卡（Saral Sarkar）在《生态社会主义还是生态资本主义》一书中指出："资本主义需要一种真正的生态经济，而社会主义和真正的生态经济之间是不存在矛盾的，前提是社会主义社会被看做是非工业社会。"②

此外，以小约翰·柯布（John B. Cobb）、菲利普·克莱顿（Philip Clayton）为代表的有机马克思主义者对生态文明建设进行了有益探索。他们以怀特海哲学思想为理论基础，吸收中国传统文化中的生态思想及社会主义生态文明建设实践经验，通过有机的思维方式创新、生态的价值取向转向，构建了造福全人类的生态理论。有机马克思主义基于工业文明社会的现实，对资本主义进行了现代性的批判。例如，克莱顿在《有机马克思主义》一书中对"资本主义"这一概念加以界定，他认为："资本主义是指这样一个经济体系，其中最核心的价值和目标是财富创造和增殖。"③同时，他认为，要建设全球生态文明，中国发挥的是引领作用。只有作为一个道德和精神的领袖，中国才能够完成时代赋予它的使命。在全球层面上，只有有机合作才可以产生一种可持续发展的生态文明。有机马克思主义与中国生态文明建设的理论和实践具有一定的一致性，为我国生态文明建设提供了有益借鉴，也对全球生态文明建设产生了积极影响。

---

① （英）戴维·佩珀. 生态社会主义：从深生态学到社会正义 [M]. 刘颖，译. 济南：山东大学出版社，2005:340.

② （印）萨拉·萨卡. 生态社会主义还是生态资本主义 [M]. 张淑兰，译. 济南：山东大学出版社，2008:4.

③ （美）菲利普·克莱顿，贾斯廷·海因泽克. 有机马克思主义——生态灾难与资本主义的替代选择 [M]. 孟献丽，等，译. 北京：人民出版社，2015:18.

二、国内研究现状

国内学界关于生态文明建设的研究始于 20 世纪 80 年代。1987 年，叶谦吉首先使用了"生态文明"这一概念。他认为，人类既要合理改造自然，又要保护好自然，要使人与自然之间保持和谐的关系。^①他在《真正的文明时代才刚刚起步》一文中，明确提出全社会要大力开展生态文明建设。伴随我国经济社会的迅速发展，环境污染、自然资源枯竭等问题日益凸显，生态文明建设逐渐成为学界研究的热点问题之一，但这一时期关于生态文明建设的研究多集中于生态文明建设的背景、内涵、意义等方面，从制度、制度化及制度体系视角对中国特色社会主义生态文明建设的探究相对较少。党的十八大报告明确提出加强生态文明制度建设的要求；党的十八届三中全会提出了"建设生态文明，必须建立系统完整的生态文明制度体系"^②。至此，生态文明制度建设成为学界探讨的热点、焦点，众多学者从不同学科、不同视角出发，对生态文明制度建设的内涵、结构体系、实践路径等方面开展研究。

（一）生态文明与社会制度的关系研究

生态危机是工业文明的产物，这成为学界的基本共识。新时期我们要积极推进制度文明与物质文明、精神文明、生态文明协调发展，促进社会主义的全面进步。^③但生态危机是否与社会制度密切相关，目前国内学界尚存一定的争议。

其一，资本主义制度是生态环境危机产生的根因。资本主义是造成全球生态环境危机的根源，这是国内学界的主流观点。有学者认为："资本主

---

① 叶谦吉.真正的文明时代才刚刚起步——叶谦吉教授呼吁开展"生态文明建设"[N].中国环境报，1987-06-23（003）.

② 中共中央关于全面深化改革若干重大问题的决定[N].人民日报，2013-11-16（001）.

③ 敖华.建设制度文明 坚定制度自信[J].文化软实力研究，2017（02）:14-23.

义是造成生态危机的制度根源，而社会主义是生态文明的制度基础。"① 生态文明是一个极为复杂的系统，但资本主义所遵循的功利主义研究范式，这与生态文明的整体性属性相对立。② 人类选择什么样的生产方式和生活方式，这就必然与最根本的社会制度紧密相关。消除生态危机是从根本上维护全人类的利益，但资本主义是服务于少数资本家的，资本主义必然与生态文明相对立。概言之，由于资本驱动下的资本主义生产方式具有反生态性，所以资本主义制度永远都无法彻底地解决生态环境危机。

其二，社会主义制度与生态文明建设相契合。生态文明与社会制度是否相关，社会主义生态文明这个命题本身是否能够成立？有学者认为，生态环境问题首先是一个涉及社会制度的问题，生态文明建设存在社会制度的差异，需要把生态环境问题与社会制度相结合来分析人类社会变迁的历史。③ 任何社会制度都必定体现一个社会发展的价值目标，而生态文明与社会主义在发展要求和价值目标上具有一致性，都以实现人与自然、人与人矛盾的和解为目的。④ 生态文明是人类社会发展进步的一种新型文明，就其本质而言，它仍是一种社会关系，受生产方式、消费方式等诸多因素的影响。⑤ 基于生产资料公有制基础之上的社会主义，旨在从根本上维护最广大人民的根本利益，使得生态文明建设与社会主义建设具有高度的一致性。

其三，社会制度不是产生生态环境危机的根源。有学者认为，制度形态具有客观中立性，生态文明建设不存在社会制度的差异。生态环境危机

---

① 许婕,张超.生态文明的社会制度属性[J].思想政治教育研究,2014(05):109-112.

② 张荣华,郭小靓.生态文明的社会制度基础探析[J].山东社会科学,2014（11）:40-45.

③ 郭学旺.社会主义生态文明:生态文明与社会制度内在融合的典范——兼评吉志强博士的新著《社会主义生态文明,何以可能？》[J].山西高等学校社会科学学报,2016（02）:23-26.

④ 邹平林,曾建平.生态文明:社会主义的制度意蕴[J].东南学术,2015(03):16-22.

⑤ 鲁明川.论生态文明的制度之维[J].学术交流,2013（09）:123-126.

是一个全球性问题,是世界各国人民共同面临的难题,不论是发达国家还是发展中国家,不管是社会主义国家还是资本主义国家都必须共同面对。生态危机源于人类没有处理好社会生产和生活与自然的关系,生态问题很大程度上与现代的生产关系和生活方式密切相关。例如,顾钰民认为,生态环境危机是全世界面临的共同难题,生态环境问题产生的直接原因是工业化大生产导致的资源过度消耗和环境破坏问题,这与社会制度没有直接的关联。① 他认为,从根源上讲,生态危机与资本逻辑没有必然关联,不论人类社会如何发展,人类社会生产和生活的基本规律都不会改变。从这个意义上说,社会制度与生态环境之间不是一种因果关系。不论是资本主义国家,还是社会主义国家,在城市化、工业化、现代化建设进程中出现的生态环境问题都具有一定的共性。

（二）生态文明制度建设的内涵研究

党的十八届三中全会对"生态文明制度"这一概念做了明确强调,把生态文明制度视为关于推进生态文明建设的一系列规则的总和。学界关于生态文明制度建设内涵的研究主要有以下两方面。

其一,生态文明制度与价值倾向视角。郇庆治认为:"生态文明"不应该有"姓资姓社"的区分,而只能是"社会主义的",生态文明的关键在于实现对自然环境的全方位感知与切实尊重。社会主义生态文明制度建设的内涵不仅源于学术界所做出的理论阐释,还源于国家所能做出的制度创新与政策设计。② 肖贵清和武传鹏认为,生态文明制度是促进人与自然可持续发展的内在价值追求以及制度化的外在表现形式。③

其二,生态文明制度宏观与微观的研究视角。沈满洪认为,生态文

---

① 顾钰民.论生态文明制度建设[J].福建论坛(人文社会科学版),2013(06):165-169.
② 郇庆治.社会主义生态文明:理论与实践向度[J].江汉论坛,2009(09):11-17.
③ 肖贵清,武传鹏.国家治理视域中的生态文明制度建设——论十八大以来习近平生态文明制度建设思想[J].东岳论丛,2017(07):5-11.

明制度建设涉及制度的需求、供给、优化及实施机制。^①这是基于宏观视角的研究。夏光认为，生态文明制度包括两个方面，一是宏观方面的以法律、规章为主的正式制度，二是微观方面的以伦理、道德为主的非正式制度。^②方世南认为，生态文明制度是在中国特色社会主义制度的范畴内，运用法律、政策、方针等多种手段，以实现人与自然和谐相处的各种规则的总和。^③

（三）生态文明制度建设的重要性研究

制度建设能够管根本、管长远。制度是关于人们生产、生活的各种社会关系的相应规则。邱耕田、张荣洁认为，人类文明是物质文明、精神文明、制度文明和生态文明相统一的"大文明"。^④生态文明是关乎人类能否实现永续发展的根本问题，而制度建设是推进生态文明建设的关键所在，我们需要将生态文明制度建设融入经济社会发展的各方面和全过程。

没有制度的现代化，就不可能实现真正意义上的现代化。生态危机根源于"制度危机"，如何突破"制度陷阱"这一最根本的束缚，是生态文明建设的关键所在。中国特色社会主义生态文明制度建设既是推进生态文明建设的内在要求，又是中国共产党不断满足人民群众对美好生活的向往的追求过程，更是破解生态环境保护体制机制弊端的根本之策。中国特色社会主义生态文明制度体现了社会主义的软实力，代表了新时代生态文明建设的领先水平和当代人类文明进步的最高程度。一旦生态文明缺少科学的、完整的、系统的制度支撑，就无法超越工业文明而成为人类社会更高级的文明形态，中华民族就难以实现人与自然和谐相处，我们就不可能真

---

① 沈满洪.生态文明制度建设：一个研究框架[J].中共浙江省委党校学报，2016（01）：81-86.
② 夏光.生态文明与制度创新[J].理论视野，2013（01）：15-19.
③ 方世南.习近平生态文明制度建设观研究[J].唯实，2019（03）：24-28.
④ 邱耕田，张荣洁.大文明——人类文明发展的新走向[J].江苏社会科学，1998（04）：173-177.

正走向社会主义生态文明的新时代。

（四）生态文明制度建设的路径研究

制度建设是保障生态文明建设的根本举措，只有构建更加成熟、更加定型的制度体系，才能保障生态文明建设行稳致远。陈晓红等学者认为，我国生态文明制度建设是构建一整套制度体系，这一体系包括强制性制度、选择性制度及引导性制度。[①] 生态文明制度建设具有一定的规律性，我们需要自觉遵循生态文明制度建设的内在规律。以人民为中心的社会主义制度具有对资本主义无可比拟的先进性，但社会主义制度并不是完美无缺的，生态文明制度需要不断丰富和完善。赵成和于萍认为，社会主义生态文明制度建设主要包括两类制度，一是建设以环保制度体系为重心的核心制度，二是建设涉及法律、科技、文化的重要支撑制度。[②] 李仙娥和郝奇华认为，生态文明制度建设涉及顶层设计、市场机制和制度系统创新等三方面。[③] 庞庆明和程恩富指出，构建中国特色社会主义生态文明制度体系，需要以政府统一的规划管理制度为基本统领，以归属清晰的资产产权制度为激励方式，以自然资源的有偿使用制度为约束手段，以防治结合的治理制度为根本保障。[④]

生态文明制度的特征就是按照科学、系统及效能的基本原则，协调和平衡自然生态系统本身、人与自然之间、社会与自然之间关系的规则体系。只有将马克思主义理论与中国的历史和现实相结合，构建起系统完整的中国特色社会主义生态文明制度体系，才能有效解决快速工业化和现代

---

① 陈晓红，等.生态文明制度建设研究 [M].北京：经济科学出版社，2018:143.

② 赵成，于萍.马克思主义与生态文明建设研究 [M].北京：中国社会科学出版社，2016:126.

③ 李仙娥，郝奇华.生态文明制度建设的路径依赖及其破解路径 [J].生态经济，2015（04）:166-169.

④ 庞庆明，程恩富.论中国特色社会主义生态制度的特征与体系 [J].管理学刊，2016（02）:1-6.

化进程中产生的生态环境破坏和自然资源不合理利用等问题，逐步形成生态化的生产方式、生活方式及消费方式。事实证明，推进中国特色社会主义生态文明制度建设，一方面有助于我国生态环境问题的解决；另一方面能为走向社会主义生态文明的新时代奠定制度基础。

三、国内外研究评述

工业革命在推动社会生产力飞速发展的同时，也给全人类带来了巨大的生态环境危机。面对全球性的生态危机，任何国家都不可能独善其身，建设一个清洁美丽的新世界成为全人类的基本共识，建设生态文明已经成为全人类的共同使命和共同福祉。

西方发达资本主义国家在经历巨大环境污染和自然资源短缺后，已经投入巨大资金和技术发展环保产业，使得生态问题得到了一定的遏制，但并未从根本上解决生态问题。事实上，西方资本主义国家固有的内在基本矛盾，即资本主义反生态的本质并未发生根本性的改变。进入二十一世纪，资本主义国家对全球生态环境的影响表现在两个方面，一方面，西方国家低端产业链转移，将生态问题"转嫁"给了广大发展中国家；另一方面，西方国家利用自身的先发优势，大肆掠夺发展中国的自然资源，给发展中国家造成巨大危害，正如阿尔弗雷德·克罗斯比（Alfred Crosby）在《生态帝国主义》一书中指出的那样，生态帝国主义对全球生态的影响更深远、更广泛。

国外研究生态问题的学派或思潮较多，成果较为丰富，但关于生态文明制度层面的研究多集中于生态马克思主义学派的研究之中。西方生态马克思主义指认了资本主义制度是产生生态危机的根源，从资本主义生产方式到生活方式，从"追求利润最大化"到"异化消费"，深入分析资本主义的制度缺陷。例如，莱斯和阿格尔认为，异化消费直接导致了生态危机；又如奥康纳指认了资本主义将大自然既当"蓄水池"，又当"污水池"。西方生态马克思主义主张通过社会制度变革，走生态社会主义道路来破解全球性的生态危机难题。

西方生态文明相关研究的价值主要体现在两个方面，一是采用了多元的研究视角，利用现代化、全球化、替代性等视角，采用制度主义、实证主义等方法深入探究生态环境问题；二是形成了独具启发性的研究结论，例如，生态帝国主义理论、新威权主义理论、后社会主义理论、新陈代谢理论，这些理论既深刻揭示了资本主义生态危机的根源所在，又较为深刻地阐释了马克思丰富的生态思想，指明了人类破解生态危机的可行路径。无疑，这些理论成果对我国生态文明制度建设的研究具有重要的借鉴意义。深入开展对中国特色社会主义生态文明制度的研究，不断推进中国特色社会主义生态文明制度建设，我们要学习和汲取全世界一切有用之成果。当然，国外学者对生态文明制度整体性的研究相对较少，对生态文明制度的研究不够深刻、不够系统。事实上，只有在制度理论指导下进行制度建设实践，在制度建设实践基础上进行制度理论概括，使制度理论与制度建设实践形成良性互动，才能推动社会的发展进步。在这个意义上，国外生态文明制度建设理论成果大多缺乏实践基础，很大程度上是对人与自然关系及生态的描述和理论推演，更多的是学者心中的"乌托邦"。

党的十八大以来，生态文明制度逐渐成为国内学界研究的热点问题、焦点问题。梳理文献发现，国内学者从不同学科、不同方法、不同视角出发，对生态文明制度建设进行研究。这些关于生态文明制度的研究主要集中于生态文明制度的内涵、制度体系及其实践路径，取得了一定的成果。具体而言，现有研究主要包括法律层面上的环境保护、经济发展上的生态补偿、政府管理上的生态责任、社会生活上的公众参与制度等。事实上，生态文明制度建设具有整体性、长期性、复杂性，而我国关于生态文明制度的理论与实践探索的时间不长，已有的研究尚有许多不足之处。

第一，对马克思主义生态文明制度理论的挖掘不够。马克思和恩格斯在其经典著作中对资本主义社会的生态问题做了较为系统的阐释，包括资源循环利用、人与自然关系等。制度理论是马克思主义理论的核心命题，社会主义制度对资本主义的制度优势体现在政治、经济、文化、社会、生态文明等各方面，但学界对马克思主义的生态制度的研究较少。

第二，对中国化马克思主义生态文明制度的研究较少。毛泽东思想和中国特色社会主义理论体系是马克思主义中国化的两大理论成果，其中，生态文明制度理论是马克思主义中国化的重要组成部分。新中国成立以来，作为中国化马克思主义理论创新和实践探索的核心主体，党和国家领导人具有丰富的生态文明制度建设思想，但学界对他们的生态文明制度理论与实践的系统性研究不足。

第三，对于如何完善中国特色社会主义生态文明制度的研究不够深入。新时代需要系统回答"为什么建设生态文明、建设什么样的生态文明、怎样建设生态文明"的问题。加强生态文明制度建设是坚持和完善中国特色社会主义制度体系的重要举措，中国特色社会主义生态文明制度建设涉及政治、经济、文化和社会等多个维度，怎样将生态文明制度理念融入经济、政治、文化、社会及科技等领域的制度建设之中，仍有待进一步拓展。此外，生态文明制度建设作为我国原创性的重大理论成果和伟大实践，是人类命运共同体的重要内涵，需要进一步的研究。

要言之，马克思主义中国化是马克思主义的"中国化"和中国创新成果的"马克思主义化"。生态文明制度是中国重大的理论成果和具体实践，我们需要坚持和完善中国特色社会主义生态文明制度体系，进一步推进生态文明制度建设更加成熟定型，实现建成"美丽中国"的伟大目标。国内学者对于生态文明制度的理论基础、主要内容及实践路径进行了一些有益探索，取得了较为丰硕的成果。当然，中国特色社会主义生态文明制度建设仍然是进行时，而不是完成时，如何用马克思主义的基本立场、观点、方法，构建具有时代特色的生态文明制度理论体系、指导具体实践仍具有很大的研究空间。

第三节　生态文明制度建设相关概念诠释

对概念的科学界定与阐释是研究开展的基础与前提。本研究以中国特色社会主义生态文明制度建设为研究内容，因此有必要对生态文明、生态文明制度及中国特色社会主义生态文明制度等相关概念进行辨析，为相关研究奠定基础。

一、生态文明

生态文明是一个由"生态"和"文明"组合而成的复合概念。因此，对"生态文明"这一概念的阐释要以"生态"和"文明"为基础。

"生态"（Eco-）一词最早源于古希腊语，最初意为"住所"和"生活环境"。而今，"生态"一词与生态学密切相关。"生态学"（ecology）一词由德国学者海克尔（E. H. Haeckel）在 1866 年出版的《有机体普通形态学》一书中提出，指研究生命体之间相关关系的科学。20 世纪五六十年代，环境危机在全球蔓延，生态环境问题成为西方主要发达国家面临的共同问题。这一时期，众多西方学者聚焦对生态环境问题的研究，注重研究人类对环境的影响，正确认识和处理人与自然的关系，为人类解决生态问题提供了一种新视角、新理论。此后，生态学研究的对象从最初的二元关系（生物—环境）到三元关系（生物—环境—人），再从三元关系（生物—环境—人）到多维关系（环境—经济—政治—文化—社会）。由此，"生态"一词的内涵得到进一步丰富和拓展，从以自然为主题的生态范畴扩展到包括人在内的社会生态范畴。

"文明"一词，内涵极为丰富。在现代汉语中，"文明"指人类社会的进步状态，与"野蛮"相对。英文中的"文明"（civilization）一词最初源于拉丁文"civis"，意指人民和谐生活的一种状态，引申后意为人类社会不断发展进步。具体而言，包括宗教信仰、礼仪规范、科学知识的发展，等等。依据马克思主义的实践理论，文明则是人类认识和改造自然、认识社会和改造社会、认识自我和改造自我的智慧结晶。

20世纪六七十年代以来，随着全球性环境问题和能源危机的冲击，世界各国开始寻求可持续发展的道路。目前，"生态文明"作为一个独立的概念，反映了人类处理人与自然关系的态度，表明了人与自然和谐与共的状态。国内已知的文献中，1987年叶谦吉首次提出了"生态文明"这一概念，他认为："所谓生态文明，就是人类既获利于自然，又还利于自然，在改造自然的同时又保护自然，人与自然之间保持着和谐统一的关系（的文明）。"① 国外已知的文献中，1978年德国法兰克福大学费切尔（Iring Fetscher）在《论人类生存的环境——兼论进步的辩证法》一文中使用了"生态文明"一词。1995年，美国学者罗伊·莫里森（Roy Morrison）出版的《生态民主》一书，提出"生态文明"（ecological civilization），他将生态文明视为工业文明之后一种新的文明形式。②

关于"生态文明"这一概念，国内学者从不同的角度做了界定。归纳起来，主要有以下四种：

其一，广义的角度。生态文明是指人类的一个发展阶段。陈瑞清在《建设社会主义生态文明，实现可持续发展》一文中指出，在对人类与自然关系深刻反思的基础上，我们即将迈入生态文明阶段。③ 卢风在《"生态文明"概念辨析》一文中指出："生态文明不是工业文明的一个维度，而是一种新的超越。"④ 广义的生态文明概念是以人与自然和谐共生为准则，实现自然—社会—人的可持续发展的一种状态。

---

① 叶谦吉.真正的文明时代才刚刚起步——叶谦吉教授呼吁开展"生态文明建设"[N].中国环境报，1987-06-23（003）.

② Morrison.Ecological Democracy[M].Boston: South End Press, 1995:281.

③ 陈瑞清.建设社会主义生态文明，实现可持续发展[J].北方经济，2007（07）:4-5.

④ 卢风."生态文明"概念辨析[J].晋阳学刊，2017（05）:63-70.

其二，狭义的角度。生态文明指的是社会文明的一个方面。余谋昌在《生态文明是人类的第四文明》一文中指出，生态文明是与物质文明、精神文明、政治文明并列的第四种文明形式。① 汪信砚在《生态文明建设的价值论审思》一文中指出，生态文明本质上是一种生态化的文明，我们"并不是要创造一种超越工业文明的新型的文明形态，而是要为工业文明的发展植入一种生态维度"②，这种生态维度是以绿色为本的。狭义的生态文明概念强调了人类认识自然、改造自然时所达到的文明程度。

其三，发展理念的角度。徐春在《对生态文明概念的理论阐释》一文中指出，生态文明与"野蛮"相对，不是对大自然进行粗暴的掠夺，而是改善与优化人与自然的关系，从而实现全人类永续发展的目标。③ 俞可平在《科学发展观与生态文明》一文中指出，生态文明凸显了人与自然相互关系的进步状态。④

其四，制度属性的角度。资本主义的本质是追求利益的最大化，资本驱动下的资本主义一刻也不可能停止剥削和掠夺。由此，对全人类而言，现时代的资本主义进行的生态治理具有一定的欺骗性，因为资本主义服从和服务于少数人的利益，资本主义的生态文明建设不可能从根本上解决生态问题。生态文明只能是社会主义的，以人民为中心的社会主义生态文明建设，从根本上维护最大公约数的人民的利益是社会主义基本原则的体现，只有社会主义才会自觉承担起改善与保护全球生态公平的责任。⑤

生态文明的本质是生态化的、绿色的文明。生态文明涉及人与自然、人与社会、人与人的关系，推进生态文明建设需要妥善处理好这三者的关

---

① 余谋昌.生态文明是人类的第四文明 [J].绿叶，2006（11）:20-21.

② 汪信砚.生态文明建设的价值论审思 [J].武汉大学学报（哲学社会科学版），2020（03）:42-51.

③ 徐春.对生态文明概念的理论阐释 [J].北京大学学报（哲学社会科学版），2010（01）:61-63.

④ 俞可平.科学发展观与生态文明 [J].马克思主义与现实，2005（04）:4-5.

⑤ 潘岳.生态文明是社会文明体系的基础 [J].中国国情国力，2006（10）:1.

系。首先，人与自然的关系不是非此即彼的关系，人与自然是一对有机统一体，在遵循自然规律的基础上，人能够发挥主观能动性改造自然和利用自然，人不是自然的"主宰"，人本身就是自然界的一部分；其次，人是社会的人，不是纯粹的自然人，人类社会有其发展的规律，把握自然人与社会人的区别与联系；再次，人与人的关系是平等的，个人的发展不能损害他人利益，个人发展既要考虑代内正义，又要考虑代际正义。

马克思指出："历史可以从两个方面来考察，可以把它划分为自然史和人类史。但这两方面是不可分割的；只要有人存在，自然史和人类史就彼此相互制约。"[①] 文明是以人为本体、以人的活动为本源；生态文明既是自然的，又是社会的，它具有双重属性。生态文明是人类社会发展的产物，是人类社会发展的一种文明形态。习近平总书记指出："人类经历了原始文明、农业文明、工业文明，生态文明是工业文明发展到一定阶段的产物，是实现人与自然和谐发展的新要求。"[②] 本研究认为，生态文明是指人类遵循人与人、人与自然、人与社会发展的规律，实现了人与自然和谐共生，在时间上和空间上都能够无限延伸的社会文明形态，是迄今为止人类社会文明发展的最高形态。

二、生态文明制度

制度是一个社会存在和发展的基石。在古汉语中，"制度"一词最早见于《周易》"天地节而四时成，节以制度，不伤财，不害民"[③]，制度意为法令礼俗；在《辞海》中，制度包含两层含义，一是指行为准则和程序规则，二是指社会形态（社会制度）。目前，众多国外学者认为制度是一种规则。例如，制度经济学代表人物道格拉斯·诺斯（Douglass C. North）、

---

① 马克思恩格斯文集（第 1 卷）[M].北京：人民出版社，2009:516.

② 中共中央文献研究室.习近平关于全面建成小康社会论述摘编[M].北京：中央文献出版社，2016:164.

③ 吴树平.十三经：全文标点本（上）[M].北京：北京燕山出版社，1991:69.

著名政治哲学家约翰·罗尔斯（John Bordley Rawls）等将制度视为一种社会规则。国内学者亦认同把制度作为规则的观点。例如，林毅夫认为，制度可以理解为社会中个人遵循的一套行为规则。

制度是人类社会实践的产物和成果，制度文明进步是人类社会文明进步的显著标志。马克思指出："社会上占统治地位的那部分人的利益，总是要把现状作为法律加以神圣化，并且要把现状的由习惯和传统造成的各种限制，用法律固定下来。"[①] 马克思主义视域中的制度包括三层内涵：首先，制度是社会交往实践的产物。正如马克思在《德意志意识形态》中提出"现存的制度只不过是个人之间迄今所存在的交往的产物"[②]，制度表现为一定的社会生产关系。其次，制度作为一种社会形态。马克思在《〈政治经济学批判〉序言》中将人类发展历史划分为不同的社会形态，并用"社会形态"一词来概括世界各国的制度。[③] 再次，制度是一个有机系统。马克思主义认为，社会存在决定社会意识，社会意识是对社会存在的反映。[④] 马克思认为制度属于社会意识和上层建筑，它包括基本经济制度和其他基本制度，以规范人与自然、人与人及人与社会之间的相互关系。

生态文明是一个具有丰富理论和实践价值的命题。生态文明事关人类永续发展的大计，人类为什么能够推进生态文明建设？其遵循的"道"是什么？逻辑起点又是什么？无疑，人具有类本质，人类能够形成价值共识，这种价值共识正是生态文明的应有之"道"和逻辑起点。生态文明和生态文明建设的关系，就如同"世界观"与"方法论"、"道"与"术"、"源"与"流"的关系。生态文明更多是理念层面，生态文明建设则是实践层面，生态文明制度建设是实践的重要方式。生态文明是人类社会发展的一种新的文明状态，生态文明制度建设则是人类遵循生态文明价值理念基础之上的实践活动。具体而言，生态文明制度建设是以生态文明理念为

---

① 马克思恩格斯文集（第7卷）[M]. 北京：人民出版社，2009:896.
② 马克思恩格斯全集（第3卷）[M]. 北京：人民出版社，1960:79.
③ 马克思恩格斯选集（第2卷）[M]. 北京：人民出版社，2012:3.
④ 马克思恩格斯选集（第2卷）[M]. 北京：人民出版社，2012:2.

指导，在认识世界和改造世界的过程中，不断完善和优化人与人、人与自然、人与社会的实践活动。

　　科学阐释"生态文明制度"这一概念，可从生态文明与制度文明两个视角进行。生态文明本身就是关于生态环境与人类文明之间的辩证互动，尤其是强调生态文明是对工业文明的超越。一方面是从生态文明与制度的关系上来看，在这一意义上，生态文明制度乃是从制度、制度化及制度体系的层面对工业文明的超越，这一超越是一种根本性、系统性的超越，是从根本上对资本主义的否定与超越；另一方面是把"生态文明制度"当作一个整体来对待，即把生态文明制度放在与经济制度、政治制度、文化制度、社会制度、科技制度并列的位置，并将这一制度建设常态化的过程。同时，生态文明制度是一个涉及生产方式、生活方式的动态实践的过程。具体而言，生态文明制度建设包括三层意思：一是既包括对已被证明有效的制度的继承，又包括根据新情况新形势而进行的制度创新；二是既包括某一制度的建设，又包括制度整体及内在子体系的建设；三是既包括制度的合理完善，又包括制度效力的不断强化。

　　生态文明建设概念是一个从狭义到广义的演进过程，同样地，生态文明制度建设也有一个从狭义到广义的历史演进过程。狭义的生态文明制度建设着重强调人类在处理与自然关系时所达到的文明程度，它更注重生态环境保护的具体制度体系的建设。广义的生态文明制度建设既注重生态文明制度本身的建设，又关注涉及人类经济社会发展全领域的生态化的制度体系建设。

三、中国特色社会主义生态文明制度

　　人与自然的关系是人类历史活动面临的首要关系，正如恩格斯所指出的："归根到底，自然和历史——这是我们在其中生存、活动并表现自己的那个环境的两个组成部分。"[1]从原始社会到现代文明社会，人们经历了

---

[1]　马克思恩格斯全集（第39卷）[M].北京：人民出版社，1974:64.

从敬畏自然到认识自然、利用自然、改造自然的实践过程。在过去相当长的时间内，尤其是快速工业化的进程中，人们在认识自然、改造自然的同时，为追求经济的增长对自然环境造成了极大破坏。马克思主义认为，共产主义社会是人类社会发展的必然趋势和最高阶段，是实现了人与自然、人与人矛盾和解的社会。社会主义是共产主义的低级阶段，它已经具有共产主义的内在属性。在这个意义上，社会主义生态文明是符合人类发展的一般规律的，代表了人类发展的新方向。

社会主义阶段仍处于社会生产力不发达的阶段，存在经济发展与生态保护的矛盾，面临一定的生态环境问题。中国特色社会主义如何解决发展过程中产生的生态环境问题，实现中华民族的永续发展？制度问题关系到党和国家的根本，把生态文明建设落实于制度建设，标志着生态文明建设从注重理念、理论建设发展到制度建设的新阶段。[1] 中国特色社会主义生态文明的建设，不仅要把生态文明理念融入我国经济社会发展的全过程和全领域，更要把中国特色社会主义制度体系的构建作为生态文明"落地"的现实举措。

制度为文明立基，文明靠制度规范。制度创新为文明进步提供必要准备，文明进步为制度创新提供新的指引。制度优势是一个国家的根本优势，坚持和完善新时代中国特色社会主义生态文明制度，把生态文明和中国特色社会主义制度有机联系起来。党的十九届四中全会指出，"坚持和完善生态文明制度体系，促进人与自然和谐共生"[2]，这既是生态领域实现"中国之治"的重大举措，更是党和国家的一项重大战略。这标志着我们党对中国特色社会主义现代化建设规律的深化，表明了我们党为实现美丽中国目标的坚定意志和坚强决定。

生态文明制度是由我们国家的历史文化、社会性质、经济发展水平决定的，是具有鲜明的中国特色、民族特色、时代特色的重要制度。国家制

① 顾钰民.论生态文明制度建设[J].福建论坛(人文社会科学版),2013(06):165-169.
② 中共中央关于坚持和完善中国特色社会主义制度、推进国家治理体系和治理能力现代化若干重大问题的决定[M].北京:人民出版社,2019:31.

度是国家治理的根本依据，我国生态文明制度是推动生态文明建设和环境保护事业发展的根本保障，在生态文明建设领域系统回答了新时代"坚持和巩固什么、完善和发展什么"这一重大时代课题。制度建设既要建章立制，又要构建体系，更要凸显效能，这是生态文明制度建设的内在诉求。我们用制度保障生态文明建设，建立和完善生态文明制度体系，加强和优化生态领域的治理能力，最终实现美丽中国的目标。事实上，生态文明制度建设与科学社会主义一以贯之、一脉相承，与人类文明演进趋势息息相关，它能将具有五千年历史的中华文明、现代文明及未来文明相对接，使之成为推动中华民族永续发展的重要力量。

从狭义到广义，这是我们认识和理解中国特色社会主义生态文明制度建设的一把钥匙。目前，我国在较长的时间内仍处于不发达的发展阶段，我们应清楚地认识到中国特色社会主义生态文明制度建设是一个长期的过程，是一个从狭义到广义、从低级到高级的发展过程。

其一，狭义的生态文明制度更加突出确定性、稳定性、强制性，既要遏制当下生态环境持续恶化的窘境，也要解决历史遗留的生态环境问题，更要预防未来可能产生的生态环境问题。通过构建制度体系，促使社会生产、人们生活朝着人与自然和谐的方向发展。党的十八大报告正式提出了"生态文明制度"这一基本理念，明确"要把资源消耗、环境损害、生态效益纳入经济社会发展评价体系"[1]，建立空间开发、耕地保护、水资源管理、生态修复等一系列制度。党的十八届三中全会通过的《中共中央关于全面深化改革若干重大问题的决定》进一步明确："建设生态文明，必须建立系统完整的生态文明制度体系。"[2] 这里的生态文明制度属于狭义的生态文明制度，它规定了在一定时期内我国生态文明制度建设的主要目标和基

---

[1]　中共中央文献研究室.十八大以来重要文献选编（上）[M].北京：中央文献出版社，2014:32.

[2]　中共中央关于全面深化改革若干重大问题的决定[N].人民日报，2013-11-16（001）.

本内容。

其二，广义上的中国特色社会主义生态文明制度建设。一方面，要求我们在生态文明视域下把生态文明建设融入我国经济社会发展的各领域和全过程，把生态文明制度建设摆在更加突出的位置，通过不断完善社会主义生态文明制度体系，推动社会主义现代化发展，努力走向社会主义生态文明新时代。另一方面，要求我们立足全人类的高度，努力为建设美丽地球家园，为世界各国的发展贡献中国智慧和中国方案，肩负人类文明进步的责任与担当。由此，广义上的中国特色社会主义生态文明制度建设是涉及全人类的、全局性的，是生态文明制度建设的高级阶段，是一个涉及整个人类生产生活的制度体系。在这个意义上，广义的中国特色社会主义生态文明制度指向共产主义，共产主义意味着真正实现了人与自然、人与人矛盾关系的和解。

中国特色社会主义生态文明建设是从根本上维护中华民族和中国人民的根本利益，也是从根本上维护全人类根本利益的现实需要。生态文明制度建设具有鲜明的目标指向和价值指向，中国特色社会主义生态文明制度是在中国特色社会主义制度的范畴内，为实现人与自然和谐与共的各种规则的总和。① 中国特色社会主义生态文明制度建设的核心要义在于社会主义，而不是其他什么主义。中国特色社会主义制度体系的逐步完善，标志着中国特色社会主义理论的具体转化，迫切要求中国特色社会主义各项制度更加成熟、更加定型，建设中国特色社会主义现代化强国。当然，没有制度体系的现代化，就不可能实现真正意义上的国家现代化。制度的现代化建设，决定着一个国家的前途和命运。② 由此，中国共产党领导中国人民坚持和完善中国特色社会主义生态文明制度体系，是实现中国特色社会主义生态文明事业现代化建设和中华民族伟大复兴的必由之路。

---

① 方世南.习近平生态文明制度建设观研究 [J].唯实，2019（03）:24-28.
② （德）沃尔夫冈·查普夫.现代化与社会转型 [M].北京：社会科学文献出版社，2000:135.

第二章

我国生态文明制度建设的理论基础

任何一个国家的制度体系都有其制度理念和理论基础，中国特色社会主义生态文明制度的理论基础是支撑生态文明制度化建设、体系化建设的重要依据及其思想动因。马克思主义生态文明制度思想为我国生态文明制度建设提供最直接的理论指导，中国古代朴素的生态文明制度思想是我国生态文明制度建设的文化基因，西方生态文明制度思想为我国生态文明制度建设提供了有益借鉴。

第一节　马克思主义经典作家关于生态文明制度建设的思想

马克思主义经典作家创立和发展的科学社会主义理论，揭示了人类社会发展的基本规律。恩格斯曾说："每一个时代的理论思维，包括我们这个时代的理论思维，都是一种历史的产物，它在不同的时代具有完全不同的形式，同时具有完全不同的内容。"[①] 马克思主义经典作家的制度思想、生态思想为新时代中国特色社会主义生态文明制度建设提供了最直接的理

---

① 马克思恩格斯文集（第 9 卷）[M].北京：人民出版社，2009:436.

论来源。中国特色社会主义生态文明制度以马克思和恩格斯的制度建设思想、资本主义生态批判思想、人与自然和谐思想及资源循环利用思想为基础，继承了列宁的社会主义生态文明建设思想，是马克思主义中国化最新的重大理论成果和实践成果。

一、马克思恩格斯的制度建设思想

人类社会的整个发展的历史，实质上就是一部制度变迁的历史。人类进入文明社会以后，任何一个具体社会形态的存在与发展，都依赖于制度建设和制度创新。唯物史观的制度理论是认识和理解马克思和恩格斯理论的关键所在，正如恩格斯指出："社会制度中的任何变化，所有制关系中的每一次变革，都是产生了同旧的所有制关系不再相适应的新的生产力的必然结果。"① 马克思、恩格斯主要是从社会形态的角度阐释制度，往往用"社会制度""经济制度""政治制度"等概念，但并未单独地解释和使用"制度"这一概念。

马克思主义认为，制度作为社会意识、上层建筑，它不是一种自然的产物，而是在人们长期的实践活动中形成和发展起来的。事实上，制度作为一种特殊的社会现象，它的产生和变迁只能在人类社会实践中寻求科学解释，这也是马克思主义关于制度产生、制度发展的基本立场和基本观点。恩格斯指出："一切社会变迁和政治变革的终极原因，不应当到人们的头脑中，到人们对永恒的真理和正义的日益增进的认识中去寻找，而应当到生产方式和交换方式的变更中去寻找。"② 人的本质是一切社会关系的总和，这种社会关系包括生产关系、交往关系。在这一意义上说，人类社会的历史更迭都是紧密围绕制度问题而展开的。

---

① 马克思恩格斯选集（第 1 卷）[M]. 北京：人民出版社，2012:303.
② 马克思恩格斯文集（第 9 卷）[M]. 北京：人民出版社，2009:284.

人类实践是制度产生、变迁的根本依据。人与自然的关系、人与人结成的社会关系是人类实践活动密不可分的两个面，人类的实践活动是具有"双重"关系的活动。其中，人与自然的关系是首要的、最为基本的关系，因为人类通过改造自然实现了物质能量的转化，从而保证了人类社会基本的生存以及发展的需要。具体而言，一是物质资料的再生产离不开自然；二是人类本身的繁衍，同样离不开自然界给予的能量。人与人的关系是在处理人与自然关系的过程中结成的社会关系，人与人之间形成的社会关系，尤其是生产关系，是服从和服务于人与自然关系的。事实上，马克思、恩格斯将人与自然的关系引入人类发展的历史，以其作为人与人关系及人类历史变迁的重要基石，形成了人类历史发展变革的重要学说，即"唯物史观之'唯物'所在"[①]。

制度是社会关系的存在方式和具体呈现。马克思认为，生产力和生产关系、经济基础和上层建筑之间的矛盾是人类社会的基本矛盾，正是这两对基本矛盾的相互作用、相互影响推动着人类的发展与进步。人类本身就是自然界的一部分，人们在认识世界、改造世界的过程中创造了赖以生存和发展的物质基础，形成了对人与自然关系的理解，同时结成了生产关系以及其他社会关系。恩格斯在《反杜林论》中指出："对现存社会制度的不合理性和不公平、对'理性化为无稽，幸福变成苦痛'的日益觉醒的认识，只是一种征兆，表示在生产方法和交换形式中已经不知不觉地发生了变化。"[②]制度作为社会关系的存在方式，它以人与自然的关系为基础，在生产实践中形成，又为处理人与自然、人与人的关系提供了新的指引。

人的全面发展是社会发展的本质和最终目的，先进的制度为人类文明进步发展提供了重要保证。人类的发展与制度的变迁具有一致性，因为

---

① 杨耕.为马克思辩护[M].哈尔滨：黑龙江人民出版社，2002:18.
② 马克思恩格斯文集（第9卷）[M].北京：人民出版社，2009:284.

制度变迁的目的就是为了适应新的生产方式，而新生产方式又促进生产力的发展，归根到底都是为了满足人类自身发展的需要。当然，任何事物都是不断运动、变化及发展的，随着生产方式的改变，制度的内容和形式同样发生改变。制度不以人的意志为转移，其变迁具有相对独立性和内在规律性。一个社会的制度变迁能否成功或者顺利进行，取决于是否符合制度变迁的规律，主要体现在作为制度变迁的主体活动的工具、手段及方法是否科学、合理。深刻理解人的全面发展涉及两个方面，一方面是人类自身的价值取向，另一方面依赖于重要的制度条件。制度的本质是一种生产关系，这种生产关系的固定化、常态化的呈现，就是一种制度形态。

人是制度的最高目的，制度变迁的出发点和落脚点应是人本身。追求人类社会的发展与进步，这是全人类的初心和使命，也是马克思、恩格斯毕生所追求的事业。人类社会的发展不是单一维度的，而是涉及到人类的方方面面，因为社会的发展是一个综合的过程。事实上，经济发展、技术进步替代社会整体进步的观点是片面的，制度既是人民利益与意志的直接体现，又是实现人的自由和解放的手段。缺少制度维度的社会发展，必定是不完整、不健全的发展，这样的社会发展必定不会长久。人是社会历史的主体，因为"人就是人的世界，就是国家，社会"①；人民群众是历史的创造者、推动者，所以"不是国家制度创造人民，而是人民创造国家制度"②。人类社会的发展是整体性的发展，人的自由而全面的发展涉及经济、政治、文化、生态、技术等诸多领域，只有这些要素"共同在场"，而且只有在共产主义制度下，制度才能真正与人的本质相契合，人的自由与全面发展才能真正实现。马克思、恩格斯的制度建设思想为新时代中国特色社会主义制度改革提供了学理依据和行动指南。中国特色社会主义发展进

---

① 马克思恩格斯全集（第3卷）[M].北京：人民出版社，2002:199.

② 马克思恩格斯全集（第3卷）[M].北京：人民出版社，2002:40.

入新的历史阶段，但我们依然处于马克思所指明的历史发展时期。在新的历史条件下，我们需要用发展的眼光看待生态环境问题，根据新情况新境遇适时进行制度改革、制度创新，以适应社会生产力的发展要求，不断满足人民群众对美好生活环境的需求。

二、马克思恩格斯的资本主义生态批判思想

通过对资本主义制度的深刻批判，马克思和恩格斯揭示了资本主义是产生环境危机的根源所在。恩格斯指出："我们不要过分陶醉于我们人类对自然界的胜利。对于每一次这样的胜利，自然界都对我们进行报复。"[①]他详细地描述了在美索不达米亚、希腊、小亚细亚地区，由于过分破坏自然，最终给这些地区带来了毁灭性的灾难。实践证明，资本主义生产方式对自然资源肆无忌惮的掠夺，直接导致了人与自然的关系的割裂。一方面，资本主义发展提高了社会生产力，促进了人类社会的发展进步；另一方面，资本主义忽视了自然资源的有限性，肆意地从自然界索取资源，从而造成了自然资源的浪费和环境破坏。工业革命使得大自然成为人类活动的客体，自然本身不再被视为一种力量。实际上，"资本"力量的驱使，使得资本主义弱化甚至忽视了自然的力量（自然规律），资本家将自然视为他们的附属品，大自然被当作一种消费对象甚至一种生产要素。资本主义财富的累积只是为了累积财富本身，而不是为了满足大多数人的需要，正如马克思指出："剥削地球的躯体、内脏、空气，从而剥削生命的维持和发展的权利。"[②] 在资本主义社会中，自然环境只是用来"剥削"以获得更多利润的东西。

消费异化加剧了对自然资源的剥夺。伴随资本主义工业化的发展，人

---

① 马克思恩格斯文集（第9卷）[M].北京：人民出版社，2009:559-560.
② 马克思恩格斯选集（第2卷）[M].北京：人民出版社，2012:639.

们的生活水平也得到一定程度的提高。商品只有实现生产—流通—分配—交换—消费的闭环，才能为资产阶级谋取最终利益。资本家利用多种手段，引导人们盲目消费、过度消费，这种为了消费而消费的生活方式，客观上加剧了对自然资源的掠夺，正如马克思指出"资本家的挥霍仍然和积累一同增加""资本主义生产的进步不仅创立了一个享乐世界"①。资本主义的固有矛盾导致了周期性的经济危机，对物质财富造成了极大的浪费，使得原本有限的自然资源更加紧张，"只有在资本主义制度下自然界才真正是人的对象，真正是有用物；它不再被认为是自为的力量；而对自然界的独立规律的理论认识本身不过表现为狡猾，其目的是使自然界（不管是作为消费品，还是作为生产资料）服从于人的需要"②。

资本主义社会大生产造成了环境的破坏。"在各个资本家都是为了直接的利润而从事生产和交换的地方，他们首先考虑的只能是最近的最直接的结果。当一个厂主卖出他所制造的商品或者一个商人卖出他所买进的商品时，只要获得普通的利润，他就满意了，至于商品和买主以后会怎么样，他并不关心。关于这些行为在自然方面的影响，情况也是这样。"③"资本主义农业的任何进步，都不仅是掠夺劳动者的技巧的进步，而且是掠夺土地的技巧的进步，在一定时期内提高土地肥力的任何进步，同时也是破坏土地肥力持久源泉的进步。"④事实上，资本家在热带雨林地区通过焚烧树木，以为木灰作为肥料，虽然短期内提升了土地的肥力，但之后毫无保护的沃土经过雨水冲刷只留下赤裸裸的岩石。恩格斯指出："关于这种惊人的经济变化必然带来的一些现象，你说的完全正确，不过所有已经或者正在经历这种过程的国家，或多或少都有这样的情况。地力耗损——如在美

---

① 马克思恩格斯全集（第44卷）[M]. 北京：人民出版社，2001:685.

② 马克思恩格斯文集（第8卷）[M]. 北京：人民出版社，2009:90-91.

③ 马克思恩格斯文集（第9卷）[M]. 北京：人民出版社，2009:562.

④ 马克思恩格斯文集（第5卷）[M]. 北京：人民出版社，2009:579-580.

国；森林消失——如在英国和法国，目前在德国和美国也是如此；气候改变、江河干涸在俄国大概比其他任何地方都厉害，因为给各大河流提供水源的地带是平原，没有像为莱茵河、多瑙河、罗讷河及波河提供水源的阿尔卑斯山那样的积雪。"①

历史和实践证明，资本主义是不可持续的，虽然"大工业使我们学会，为了技术上的目的，把几乎到处都可以造成的分子运动转变为物体运动，这样大工业在很大程度上使工业生产摆脱了地方的局限性。水力是受地方局限的，蒸汽力却是自由的。如果说水力必然存在于乡村，那么蒸汽力却决不是必然存在于城市。只有蒸汽力的资本主义应用才使它主要集中于城市，并把工厂乡村转变为工厂城市。但是这样一来，蒸汽力的资本主义应用就同时破坏了自己的运行条件。蒸汽机的第一需要和大工业中差不多一切生产部门的主要需要，就是比较干净的水。但是工厂城市把所有的水都变成臭气熏天的污水。"②资本主义追求利润最大化，使得它是短视的、本质上无序的竞争，由此产生的环境破坏、所谓产品过剩，加上将有关成本外化转嫁到自然世界，这些都意味着资本主义社会必定是一个不可持续的社会。马克思指出："生产力在其发展的过程中达到这样的阶段，在这个阶段上产生出来的生产力和交往手段在现存关系下只能造成灾难，这种生产力已经不是生产的力量，而是破坏的力量（机器和货币）。"③"一切可以保持清洁的手段都被剥夺了，水也被剥夺了，因为自来水管只有出钱才能安装，而河水又被污染，根本不能用于清洁目的。"④因此，"应当到资本主义制度本身中去寻找"⑤，只有通过改变资本主义制度，建立符合最大公约

---

① 马克思恩格斯文集（第 10 卷）[M].北京：人民出版社，2009:627.
② 马克思恩格斯文集（第 9 卷）[M].北京：人民出版社，2009:312–313.
③ 马克思恩格斯文集（第 1 卷）[M].北京：人民出版社，2009:542.
④ 马克思恩格斯文集（第 1 卷）[M].北京：人民出版社，2009:410.
⑤ 马克思恩格斯文集（第 1 卷）[M].北京：人民出版社，2009:368.

数的、维护无产阶级利益的社会主义制度，才能从根本上改变人与自然相悖的关系，最终实现人与自然的和谐。

三、马克思恩格斯的人与自然和谐思想

应对人类生存和发展的生态环境挑战，实现人与自然和谐共生已成为全人类发展的基本共识。马克思主义生态理念的核心命题——究竟什么样的社会才能将我们从生态环境危机中解救出来。马克思主义认为，人类社会不可能与自然世界相分割，但资本主义不仅剥削无产阶级，而且使生态环境受到严重破坏。当然，在马克思和恩格斯所处的年代，生态环境问题并非核心问题，但我们仍处于马克思主义所指明的历史时期，他们的著作中蕴含丰富的生态文明思想，为人类解决当今的生态环境问题提供了宝贵的思想资源。

（一）人与自然都是客观存在的，自然先于人的存在

人和自然界的存在和发展不以人的意志而随意改变。马克思指出："因为人和自然界的实在性，即人对人来说作为自然界的存在以及自然界对人来说作为人的存在，已经成为实际的、可以通过感觉直观的，所以关于某种异己的存在物、关于凌驾于自然界和人之上的存在物的问题，即包含着对自然界的和人的非实在性的承认的问题，实际上已经成为不可能的了。"[①] 认为人是自然的"主宰"，是不正确的，因为自然界先于人类而存在，人本身是自然界发展到一定阶段的产物，自然只能被一定程度地改变，而不可能被"主宰"。人是自然的一部分，人类离开了自然界则无法独立存在，正如马克思指出："它所以创造或设定对象，只是因为它是被对象设定的，因为它本来就是自然界。"[②] 人通过社会劳动逐渐形成了人类社

---

① 马克思恩格斯文集（第 1 卷）[M]. 北京：人民出版社，2009:196.
② 马克思恩格斯文集（第 1 卷）[M]. 北京：人民出版社，2009:209.

会，劳动具有双重属性，而劳动的对象本身则是自然界。事实上，"人的依赖关系（起初完全是自然发生的），是最初的社会形式，在这种形式下，人的生产能力只是在狭小的范围内和孤立的地点上发展着。以物的依赖性为基础的人的独立性，是第二大形式，在这种形式下，才形成普遍的社会物质变换、全面的关系、多方面的需要以及全面的能力的体系。建立在个人全面发展和他们共同的、社会的生产能力成为从属于他们的社会财富这一基础上的自由个性，是第三个阶段。"[①] 人类社会的发展史，是一部关于人与自然关系的历史。马克思主义认为，正确处理人类与自然的关系是人类社会发展的基本前提，人类在同自然的互动中得以生存和发展，正如恩格斯指出："人本身是自然界的产物，是在他们的环境中并且和这个环境一起发展起来的。"[②] 因此，"自然界的人的本质只有对社会的人来说才是存在的；因为只有在社会中，自然界对人来说才是人与人联系的纽带，才是他为别人的存在和别人为他的存在，只有在社会中，自然界才是人自己的合乎人性的存在的基础，才是人的现实的生活要素。只有在社会中，人的自然的存在对他来说才是人的合乎人性的存在，并且自然界对他来说才成为人"[③]。

（二）人与自然关系的辩证统一

第一，人与自然具有同一性。马克思主义认为，自然界是一个普遍联系的有机整体，各物种之间相互依赖、相互作用，共同构成一个完整不可分割的生命有机体。自然界是一个普遍联系的有机体，任何事物都不是孤立存在，"一个存在物如果在自身之外没有自己的自然界，就不是自然存在物，就不能参加自然界的生活"[④]。人与自然相互联系、相互依存，人是自

---

① 马克思恩格斯文集（第8卷）[M].北京：人民出版社，2009:52.
② 马克思恩格斯全集（第20卷）[M].北京：人民出版社，1971:38-39.
③ 马克思恩格斯文集（第1卷）[M].北京：人民出版社，2009:187.
④ 马克思恩格斯文集（第1卷）[M].北京：人民出版社，2009:210.

然界发展到一定阶段的产物，人本身就是自然界的一部分。人类社会的存在和发展必然要通过生产劳动同自然进行物质、能量的交换。人与自然之间客观上形成的相互依存、相互关联，人类社会的发展与进步，需要自觉地接受自然规律和社会规律的共同支配，只有正确处理人与自然的关系，才能推动自然与社会的协调发展。

自然界是人类得以延续发展的基础，人类社会的发展规律与自然界规律具有一定的耦合性，遵循自然规律是人类进行实践活动的前提，否则会受到自然的惩罚，最终阻碍人类社会的发展进步。恩格斯指出："我们一天天地学会更正确地理解自然规律，学会认识我们对自然界习常过程的干预所造成的较近或较远的后果，……人们就越是不仅再次地感觉到，而且也认识到自身和自然界的一体性，那种关于精神和物质、人类和自然、灵魂和肉体之间的对立的荒谬的、反自然的观点，也就越不可能成立了。"[①]事实上，实践活动在一定程度上使人与自然发生了"分化"，但这种"分化"不等于转变为"分裂"或"不容"，而是人类通过认识自然和改造自然，保持人与自然和谐与共的状态。在不同的历史时期，受自然条件、社会制度及价值观等因素的影响，人类与自然的关系在一定程度上呈现出一种对抗与分裂的状态。例如，在资本主义社会中，工人阶级的劳动是异化的，工人阶级的劳动产品与工人阶级本身相分离，劳动产品的剩余价值被资本家无偿占有，而资本家唯利是图追求利润最大化的本性，资本家对自然资源的过度利用和肆意攫取，使得人类与自然之间不再是天然的依存关系，并导致人类与自然关系的异化。

第二，人对自然具有主观能动性。马克思认为："在自然界中（如果我们把人对自然界的反作用撇开不谈）全是没有意识的、盲目的动力，……在所发生的任何事情中，无论在外表上看得出的无数表面的偶然性中，或

---

① 马克思恩格斯选集（第 3 卷）[M]. 北京：人民出版社，2012:998-999.

者在可以证实这些偶然性内部的规律性的最终结果中，都没有任何事情是作为预期的自觉的目的发生的。"① 人类社会具有一定的相对独立性，人具有能动的主体意识。事实上，人类的实践活动是对自然本身和人类自身的双重改造，一方面，人类社会发展进步的历史过程，就是人类不断认识自然、改造自然的结果，人类不断发展生产力，不断改变自然界的"自然"状态，更多地体现为一种"人造"自然；另一方面，对人自身的改造所产生的权利观、价值观等文化规范，根本上是由社会劳动决定的，并对社会劳动具有能动反作用，在这个意义上，社会发展的规律既是"文化"的，又是"自然"的，在生产力与生产关系的相互作用下推动社会发展，离不开自然因素和文化因素的共同影响，并不断构建人与自然、人与社会的生态关系。

马克思主义认为，人与自然的关系是辩证统一的，人类是自然界的一部分，但人类能够认识和改造自然促进自身的发展。马克思指出："社会化的人，联合起来的生产者，将合理地调节他们和自然之间的物质变换，把它置于他们的共同控制之下，而不让它作为盲目的力量来统治自己。"② 人类在认识自然和改造自然，使得自然呈现"自在自然"和"人化自然"两种状态，其中，"自在自然"是自然界本身具有的自主性，而"人化自然"是人对自然改造的结果，它既作用于自然界，又对人类产生作用，人们"所处的自然环境的变化，促使他们自己的需要、能力、劳动资料和劳动方式趋于多样化"③。

（三）人与自然关系的本质是人与人的关系

只要人类能够存在，人与自然的天然的相关关系就一刻也不可能中

---

① 马克思恩格斯文集（第 4 卷）[M].北京：人民出版社，2009:301-302.

② 马克思恩格斯文集（第 7 卷）[M].北京：人民出版社，2009:928.

③ 马克思恩格斯全集（第 44 卷）[M].北京：人民出版社，2001:587.

断。马克思认为，人是有生命的自然存在物，人类的生存和发展离不开自然，人自身的生产同样地遵循自然规律。① 恩格斯指出："我们连同我们的肉、血和头脑都是属于自然界和存在于自然界之中的。"② 无疑，人的自然属性彰显了自然界的特性。人与自然的关系是一种天然的关系，这种关系既是自然人与自然界的关系，又是人与人之间的关系呈现。马克思指出："人们在生产中不仅仅影响自然界，而且也互相影响。他们只有以一定的方式共同活动和互相交换其活动，才能进行生产。为了进行生产，人们相互之间便发生一定的联系和关系；只有在这些社会联系和社会关系的范围内，才会有他们对自然界的影响，才会有生产。"③

探究人与自然之间的关系必须将其置于人类发展的全过程之中加以考量，人与自然的关系与所处的具体社会形态密切关联，例如，在原始社会、奴隶社会、封建社会、资本主义社会等具体社会形态中，人与自然的关系就存在较为显著的差异。根据人与自然的关系，自然可分为天然自然、人化自然与人工自然三种形态。其中，在人化自然和人工自然中，人与自然的关系无法脱离人与人、人与社会的联系。社会劳动是人与自然的中介，脱离了自然人类根本无法独立存在，社会劳动则失去真正意义。

人化自然和人工自然，都是人类社会实践的具体结果。工业革命极大地提升了人类实践的能力，使得人与自然关系多元化呈现，人类社会发展所需的物质能量被更直观地展现在人们眼前，更多地表现出人的积极作用。现代科学技术在促进社会发展的同时，也带来了环境问题，导致了"环境—技术"悖论。现代技术对天然自然、人化自然和人工自然的作用更直接、更久远，正如马克思指出："周围的感性世界决不是某种开天辟地以来就直接存在的、始终如一的东西，而是工业和社会状况的产物，是历

① 马克思恩格斯文集（第 1 卷）[M]. 北京：人民出版社，2009:209.
② 马克思恩格斯文集（第 9 卷）[M]. 北京：人民出版社，2009:560.
③ 马克思恩格斯文集（第 1 卷）[M]. 北京：人民出版社，2009:724.

史的产物，是世世代代活动的结果。"① 社会形态中的任何变化，都涉及所有制关系中人与人关系的变革。因此，人与自然的关系，归根到底是人与人、人与社会的关系，而且人与自然的关系与社会形态密切联系，并受社会形态的制约。

四、马克思恩格斯的资源循环利用思想

自然资源是人类社会赖以生存和发展的基础。马克思和恩格斯在深刻分析资本主义生产方式的基础上，提出了资源循环利用的发展理论，并指明了人类发展的具体进路。他们批判了资本主义生产方式存在的弊病，主张通过废物利用使资源利用效率最大化，变废为宝、化害为利。马克思主义认为，事物的发展要发生质变，一是基于量的不断积累，从而达到质变；二是在数量不变的情况下，通过在结构和排列次序上的优化，实现质的飞跃。资源循环利用的本质是形成一种再生系统，循环发展契合自然发展规律和人类社会发展规律。

资源的有限性与资本发展的无限性之间的矛盾不可调和，资本主义为了谋求更多利润，通过扩张不断开拓原料产地和商品市场。工业革命推动了商品的社会化大生产，而自然资源成为支撑资本主义持续发展的关键。马克思强调自然资源对人类社会的重要性，他在《资本论》中指出："外界自然条件在经济上可以分为两大类：生活资料的自然富源，例如土壤的肥力，鱼产丰富的水等等；劳动资料的自然富源，如奔腾的瀑布、可以航行的河流、森林、金属、煤炭等等。"② 恩格斯在《劳动在从猿到人转变过程中的作用》中指出："其实劳动和自然界一起才是一切财富的源泉，自然界

---

① 马克思恩格斯文集（第1卷）[M].北京：人民出版社，2009:528.
② 马克思恩格斯全集（第23卷）[M].北京：人民出版社，1972:560.

为劳动提供材料，劳动把材料变为财富。"① 因此，劳动是一切社会财富的来源，但自然界的作用不可忽略。

马克思和恩格斯积极主张资源节约，倡导建立节约型的生产方式和生活方式。马克思曾说："生产条件的节约（这是大规模生产的特征）本质上是这样产生的：这些条件是作为社会劳动的条件，社会结合的劳动的条件，因而作为劳动的社会条件执行职能的。它们在生产过程中由总体工人共同消费，而不是由一批互相没有联系的，或最多只是在小范围内互相直接协作的工人以分散的形式消费。"②"这种由生产资料的集中及其大规模应用而产生的全部节约，是以工人的聚集和协作，即劳动的社会结合这一重要条件为前提的。因此，如果说剩余价值来源于单独地考察的每一个工人的剩余劳动，那么，这种节约来源于劳动的社会性质。甚至在这里可能进行和必须进行的不断改良，也完全是由大规模结合的总体工人的生产所提供的和所给予的社会的经验和观察产生的。"③ 唯有实现资源循环利用，构建符合生态的生产和生活方式，才能有益于改善人与自然的关系，最终实现人类的永续发展。

通过发展生产力水平，才能提升资源的利用率效率。马克思指出："关于生产条件节约的另一个大类，情况也是如此。我们指的是生产排泄物，即所谓的生产废料再转化为同一个产业部门或另一个产业部门的新的生产要素；这是这样一个过程，通过这个过程，这种所谓的排泄物就再回到生产从而消费（生产消费或个人消费）的循环中。"④"废料的减少，部分地要取决于所使用的机器的质量。机器零件加工得越精确，抛光越好，机油、肥皂等物就越节省。这是就辅助材料而言的。但是部分地说，——而这一

① 马克思恩格斯全集（第 20 卷）[M]. 北京：人民出版社，1971:509.
② 马克思恩格斯文集（第 7 卷）[M]. 北京：人民出版社，2009:93.
③ 马克思恩格斯文集（第 7 卷）[M]. 北京：人民出版社，2009:93-94.
④ 马克思恩格斯文集（第 7 卷）[M]. 北京：人民出版社，2009:94.

点是最重要的，——在生产过程中究竟有多大一部分原料变为废料，这取决于所使用的机器和工具的质量。最后，这还取决于原料本身的质量。而原料的质量又部分地取决于生产原料的采掘工业和农业的发展（即本来意义上的文化的进步），部分地取决于原料在进入制造厂以前所经历的过程的发达程度。"①

破解生态环境危机，实现人与自然和谐共生，"需要对我们现有的生产方式，以及和这种生产方式连在一起的我们今天的整个社会制度实行完全的变革"②。只有在社会主义制度中，才能实现人与自然和谐相处，马克思指出："共产主义，作为完成了的自然主义，等于人道主义，而作为完成了的人道主义，等于自然主义，它是人和自然界之间、人和人之间的矛盾的真正解决，是存在和本质、对象化和自我确证、自由和必然、个体和类之间的斗争的真正解决。"③事实上，"如果人们要问马克思主义在当今世界还有没有现实意义，那么我们可以这样说，指引人们走出生态危机是其最大的现实意义"④。

五、列宁的社会主义生态文明建设思想

列宁是世界上第一个社会主义国家的缔造者，他成功领导了俄国革命，使科学社会主义由科学理论转变为伟大现实。俄国十月革命胜利后，列宁面临的首要任务是如何将马克思主义理论同俄国社会主义实践相结合，建立一个什么样的社会主义制度、怎样建立这个制度，正如他指出："现在一切都在于现实，现在已经到了这样一个历史关头：理论在变为实

① 马克思恩格斯文集（第 7 卷）[M].北京：人民出版社，2009:117-118.
② 马克思恩格斯全集（第 20 卷）[M].北京：人民出版社，1971:521.
③ 马克思恩格斯全集（第 42 卷）[M].北京：人民出版社，1979:120.
④ 陈学明.在马克思主义指导下进行生态文明建设 [J].江苏社会科学，2010（05）:66-70.

践，理论由实践赋予活力，由实践来修正，由实践来检验。"①

　　列宁认为，资本主义制度有其固有的致命弱点和缺陷，资本主义国家的"改革并没有消除也不可能消除危机"。②列宁继承和发展了马克思主义思想，首次将马克思和恩格斯的生态思想融入苏联社会主义建设之中，创造性地提出了社会主义国家建设生态文明的观点。当然，列宁虽未对生态文明作过系统论述，但他的生态文明思想散布于著作中，独具特色、内容丰富，涉及自然观、资源、环境立法等方面。列宁在领导苏联社会主义建设的过程中，始终坚持马克思主义的根本指导地位，并注重学习和利用人类文明的一切成果。正如他指出："马克思学说具有无限力量，就是因为它正确。它完备而严密，它给人们提供了决不同任何迷信、任何反动势力、任何为资产阶级压迫所作的辩护相妥协的完整的世界观。"③基于此，他坚持"具体问题具体分析"这一马克思主义的活灵魂，开启苏联社会主义生态文明建设。他的生态文明建设思想，可概括为以下几个方面。

　　第一，社会主义的自然观。自然观是人们对自然的根本观点和根本看法，是个体世界观的重要组成部分。列宁继承马克思恩格斯关于人与自然的辩证统一的思想，强调要尊重自然，重视人与自然的关系，正如他引用的约·狄慈根的原话："唯物主义认识论在于承认：人的认识器官并不放出任何形而上学的光，而是自然界的一部分，这一部分反映自然界的其他部分。"④与此同时，列宁深刻批判了将人与自然割裂的观点，认为人与自然本就是相互作用的，正如他指出："我憎恨把人同自然界分割开来的唯心主义；我并不因自己依赖于自然界而感到可耻。"⑤对待自然不能陷于主观臆

---

① 列宁选集（第 3 卷）[M]. 北京：人民出版社，1992:381.

② 列宁全集（第 22 卷）[M]. 北京：人民出版社，1990:22.

③ 列宁全集（第 23 卷）[M]. 北京：人民出版社，1990:41.

④ 列宁全集（第 18 卷）[M]. 北京：人民出版社，1988:257-258.

⑤ 列宁全集（第 55 卷）[M]. 北京：人民出版社，1990:39.

断之中，而是依据唯物主义理论深刻理解自然存在问题，"不能用精神的发展来解释自然界的发展，恰恰相反，要从自然界，从物质中找到对精神的解释"①。我们既要认识世界，更要改造世界，而正确认识自然界是人们改造世界的基础。列宁认为："在自然界中，一切都是相互作用的，一切都是相对的，一切同时是结果又是原因，在自然界中，一切都是具有各个方面的和相关的。"②他充分肯定了自然力的作用，坚信人的劳动是无法代替自然力的。

第二，社会主义的资源观。自然资源是进行社会主义建设的重要基石，列宁认为社会主义建设必须合理地分配和利用各种自然资源，要用制度予以保障，"只有按照一个总的大计划进行的、力求合理地利用经济资源的建设，才配称为社会主义的建设"③。"在产品的生产和分配中正确调配劳动力，爱惜人民的力量，杜绝力量的任何浪费，节约力量。"④列宁在他主持起草的《俄国共产党（布尔什维克）纲领》中明确指出，要"合理地和节省地使用国内一切物质资源"⑤。要用各种手段积极鼓励节约，节约的目的在于积蓄资源、发展社会主义，正确处理生活垃圾等废弃物、促进资源循环利用，有助于促进社会主义建设。

第三，社会主义的环境观。列宁在《移民工作的意义》一文中对国家森林资产的流失和破坏进行了批判。他在为卡尔·考茨基《土地问题》一书所作的提要中写到："资本主义的经营使森林缩减，资本主义的奢侈使森林增加混乱。"⑥关于城市生态环境问题，列宁指出："在大城市中，用恩格斯的话来说，人们都在自己的粪便臭味中喘息，所有的人，只要有可能，

---

① 列宁全集（第2卷）[M].北京：人民出版社，1984:6.
② 列宁全集（第55卷）[M].北京：人民出版社，1990:43.
③ 列宁全集（第35卷）[M].北京：人民出版社，1985:18.
④ 列宁全集（第32卷）[M].北京：人民出版社，1985:182.
⑤ 列宁全集（第36卷）[M].北京：人民出版社，1985:414.
⑥ 列宁全集（第59卷）[M].北京：人民出版社，1990:79.

都要定期跑出城市，呼吸一口新鲜的空气，喝一口清洁的水。"① 社会主义建设必须维护人民群众的根本利益，必须改善人民群众的生活环境，列宁指出："但是请看看整个现代资本主义社会，看看大城市、铁路、矿井、矿山以及大小工厂吧。你们会看到富人怎样霸占了空气、水和土地。你们会看到千百万工人被注定呼吸不到新鲜空气，被注定在地下工作，在地下室生活、饮用遭到邻近工厂污染的水。"②

第四，社会主义生态文明的法治观。列宁在继承马克思恩格斯生态思想的同时，认识到要利用法律规范俄国社会主义生态文明建设。例如，1917 年俄国社会民主工党（布）第七次代表会议中，列宁主持并讨论出台了保护森林法、改良土壤法、卫生法等问题。此后，在列宁的推动下先后出台了多部法律。例如，1918 年颁布的《森林法》，1920 年出台的《关于地下资源的特别法令》，1921 年颁布的《关于建立气象站的法令》《关于自然遗迹、花园和公园的法令》。"人类真正面临的生态危机，是在进入资本主义社会的历史发展阶段后才开始出现的。"③ 列宁的生态文明制度建设思想是立足苏联社会主义建设的具体实际，创造性地将马克思恩格斯的生态思想与苏联社会主义建设进行结合的产物。列宁领导十月革命胜利后，用法律保证苏联社会主义建设，他在解决资源开发不足、环境保护不力等生态问题时，探索了一条有别于资本主义国家的建设方案，他指出："我们的政权愈趋向稳固，民事流转愈发展，就愈需要提出加强革命法制这个坚定不移的口号。"④ 可见，列宁的生态文明制度思想为我国生态文明制度建设提供了直接的思想资源。

---

① 列宁全集（第 5 卷）[M].北京：人民出版社，1986:133.
② 列宁全集（第 15 卷）[M].北京：人民出版社，1988:152.
③ 王伟光.在超越资本逻辑的进程中走向生态文明新时代 [N].中国社会科学报，2013-08-19（A03）.
④ 列宁全集（第 42 卷）[M].北京：人民出版社，1987:353.

第二节 中国化马克思主义关于生态文明制度 建设的思想

马克思主义中国化是中国马克思主义者将马克思主义基本理论同中国具体实践和具体时代相结合，并进行一系列自主理论创造和自主实践创新的过程，形成了中国化的马克思主义道路、理论、制度及文化。马克思主义中国化不仅是一个客观的自然历史过程，而且是一个自觉的社会历史过程。中国特色社会主义生态文明制度建设是立足中国特色社会主义革命、建设、改革伟大实践基础上，伴随中国共产党对社会主义现代化建设的不断深入，逐渐形成和发展起来的。

一、中国化马克思主义关于正确认识人与自然关系的思想

人与自然的关系是人类思索的永恒主题，人类社会的发展史是一部人与自然"共同进化"的历史。决定人类文明演化的两大基本矛盾，即人与自然之间的矛盾关系、人与人之间的矛盾关系。具体而言，一类是，人类的生存、发展的无限物质诉求，与自然环境供给能力的有限性之间的矛盾；另一类是，人类对美好生活的追求，与社会运行机制满足能力之间的矛盾。事实上，正是两大矛盾相互影响、相互作用，推动着人类社会的进步与发展。一种文明无法避免人与自然、人与人两大基本矛盾的激化时，就意味着它必然被新的文明所取代。

生态环境保护是中国共产党百年辉煌历史中的重要篇章。中国共产党历来高度重视生态文明建设，把节约资源和保护环境确立为基本国策，把可持续发展确立为国家战略。正如毛泽东指出，"人类同时是自然界和社会

的奴隶，又是它们的主人"①，深刻揭示了人与自然的关系、人与社会的关系。人、自然界、人类社会都是客观存在的，对三者及其关系的探究是一个永恒的命题。在我国社会主义建设的探索时期，毛泽东指出："人类总是不断发展的，自然界也总是不断发展的，永远不会停止在一个水平上。"②自然界、人类社会及人本身都处于不断运动、变化之中，我们需要用发展的眼光看待遇到的新情况、新问题。正确认识和理解自然，合理利用自然，才有助于推进社会主义建设。否则，人们就会受到自然的惩罚，社会主义建设的伟大事业势必受到挫折。

人类既要科学认识自然，又要利用自然，更要保护自然。江泽民指出："要使广大干部群众在思想上真正明确，破坏资源环境就是破坏生产力，保护资源环境就是保护生产力，改善资源环境就是发展生产力。"③他指出，我们不能走经济发达国家"先污染后治理"的旧路，要在工业、农业及第三产业结构优化的基础上，推动人口、社会和环境的协同发展。④事实上，在我国人口众多、经济基础薄弱、科技水平相对较低的国情下，保护环境更具挑战性和艰巨性。生态环境问题直接关系到国家的兴旺发达和人民群众的身心健康，经济发展与环境保护二者不可偏废，经济发展固然重要，环境保护也很重要。他指出，生态环境问题是"关系我国长远发展的全局性战略问题"⑤，环境问题已经涉及经济、政治、文化、社会管理等诸多领域。

社会发展既要注重速度，也要注重质量和效益，努力实现发展速度和结构、质量、效益的相互统一，实现经济发展和人口、资源、环境相协

---

① 毛泽东著作选读（下）[M]. 北京：人民出版社，1986:158.

② 毛泽东文集（第8卷）[M]. 北京：人民出版社，1999:325.

③ 江泽民论有中国特色社会主义（专题摘编）[M]. 北京：中央文献出版社，2002:282.

④ 江泽民文选（第1卷）[M]. 北京：人民出版社，2006:533.

⑤ 江泽民文选（第1卷）[M]. 北京：人民出版社，2006:532.

调。通过调整产业结构、改变增长方式、发展循环经济、利用可再生资源、处理主要污染物排放等方式，从根本上扭转生态环境恶化的趋势，增强可持续发展的能力，保护生态环境、节约能源资源，促进人与自然的和谐相处，使中国特色社会主义迈向生态发展的新阶段。例如，1988 年，胡锦涛提出要将贵州毕节地区作为生态建设试验区，把生态建设和经济建设相结合，促进生态良性循环。[①]党的十七大报告首次把生态文明理念作为党的行动纲领，把生态文明建设与物质文明、精神文明和政治文明建设一起构成社会主义事业发展的基本方略。

历史和实践证明，"人类不能再忽视大自然一次又一次的警告，沿着只讲索取不讲投入、只讲发展不讲保护、只讲利用不讲修复的老路走下去"[②]。走生态发展之路已成为当今世界发展的最大共识，这既是人类对社会发展历史所进行的反思，也是对建设未来美好家园的不懈追求。不可否认，在改革开放之初，我们急切地想改变"贫穷落后"面貌，尽可能地谋求快速"富裕起来"，使我们一度陷入狭隘的物质至上、增长至上的价值观、发展观，导致人们过于偏重经济发展而忽视或轻视生态环境的保护，未能深刻认识经济发展与生态环保的辩证统一关系，误把人类自身与自然界相对立，把人类赖以生存的自然生态环境作为一味征服的对象。

中国共产党对中国特色社会主义事业发展的认识和探究，经历了从"两个文明"到"三位一体"，从"三位一体""四位一体"再到"五位一体"的变化。从"两个文明"到"五位一体"，是中国共产党人重新审视和重新定位人与自然关系和开创新的发展理念、发展方式的过程，也是一个生态文明理论深化与具体实践创新的互动过程，更是科学把握人类社会发展规律和社会主义建设规律的过程。习近平总书记始终重视生态文明建

---

① 胡锦涛文选（第 1 卷）[M].北京：人民出版社，2016:2.
② 习近平.在第七十五届联合国大会一般性辩论上的讲话 [N].人民日报，2020-09-23（003）.

设，正如他说："在正定、厦门、宁德、福建、浙江、上海等地工作期间，都把这项工作作为一项重大工作来抓。"① 中国共产党对人与自然关系的正确理解与把握，从"历史—理论—现实"三重维度上，不断推进人与自然关系理论升华和实践进展，推进了人与自然关系上升到人类文明的范畴。

二、中国化马克思主义关于生态环境保护制度的思想

为保护生态环境，新中国成立初期，在毛泽东的主持和推动下，制定了生态文明相关的制度，促进了我国生态文明事业的发展。一是建立相关林业制度。例如，1956 年，国家出台了《保护森林暂行条例（草案）》；1963 年，国家颁布了《森林保护条例》。二是建立资源管理制度。1956 年，国家颁布了《矿产资源保护试行条例》；1972 年国家正式颁布了《工业"三废"排放试行标准》，这也是我国历史上第一个环境保护标准；1973年，毛泽东在北京主持召开了第一次全国环境保护会议，体现了他对我国生态文明建设的高度重视。

1980 年，邓小平在《党和国家领导制度的改革》的讲话中指出，社会主义建设"最重要的是一个制度问题"。② 制度问题事关党和国家的命脉，社会主义建设中的一切工作都要有据可依。我们要通过不断深化改革，实现社会主义制度的自我完善，"改革党和国家领导制度及其他制度，是为了充分发挥社会主义制度的优越性，加速现代化建设事业的发展"③。1978 年12 月，邓小平在中共中央工作会议上明确提出，要着力制定森林法、草原法、环境保护法等，使得我国生态文明建设有章可循。④1979 年，国家出台的《中华人民共和国环境保护法（试行）》明确规定生态环境保护的具

---

① 习近平 . 推动我国生态文明建设迈上新台阶 [J]. 求是，2019（03）:4-19.

② 邓小平文选（第 2 卷）[M]. 北京：人民出版社，1994:297.

③ 邓小平文选（第 2 卷）[M]. 北京：人民出版社，1994:322.

④ 邓小平文选（第 2 卷）[M]. 北京：人民出版社，1994:146.

体实施细则。改革开放初期，在邓小平的推动下，国家相继出台了关于防治大气污染、水污染、土地污染的一系列法律法规。

党的十四届五中全会明确强调，要把实施可持续发展作为现代化进程中一项重大决策。1997 年，江泽民号召全社会再造秀美山川，要求因地制宜地编制和实施全国生态环境保护纲要。他指出，各级领导干部和各级政府需要更加重视生态环境保护工作，要适时根据各地新情况研究和解决问题，让推动生态环境保护"成为一项制度"①，使环境保护工作向着法制方向发展，推动建立环保问责制，完善环保部门统一的监管机制。

2005 年，胡锦涛在中央人口资源环境工作座谈会上指出："完善促进生态建设的法律和政策体系，制定全国生态保护规划，在全社会大力进行生态文明教育。"②他在党的十七大报告中明确了生态文明建设理念，努力建设一个资源节约型、环境友好型的社会。他在党的十八大报告中进一步强调，"把生态文明建设放在突出地位"③，构建经济、政治、文化、社会及生态文明的"五位一体"总体发展布局。

建设生态文明是一场涉及生产方式、生活方式、思维方式和价值观念的深刻变革，实现这样的根本性变革，必须依靠制度和法治。习近平总书记指出："只有实行最严格的制度、最严密的法治，才能为生态文明建设提供可靠保障。"④重视制度、法治建设在生态文明建设中的硬约束作用，用制度保护生态环境，必须实现科学立法、严格执法、公正司法、全民守法，为生态文明建设提供法治和制度保障。党的十八届四中全会提出："用严格的法律制度保护生态环境，加快建立有效约束开发行为和促进绿色发

---

① 江泽民文选（第 1 卷）[M].北京：人民出版社，2006:535.

② 中共中央文献研究室.十六大以来重要文献选编（中）[M].北京：中央文献出版社，2006:823.

③ 胡锦涛文选（第 3 卷）[M].北京：人民出版社，2016:644.

④ 中共中央文献研究室.习近平关于全面深化改革论述摘编[M].北京：中央文献出版社，2014:104.

展、循环发展、低碳发展的生态文明法律制度，强化生产者环境保护的法律责任，大幅度提高违法成本，建立健全自然资源产权法律制度，完善国土空间开发使用方面的法律制度，制定完善生态补偿和土壤、水、大气污染防治及海洋生态环境保护等法律法规，促进生态文明建设。"① 同时，中国共产党把制度和法治作为生态文明建设的基本方式。党的十八大报告首次提出加强生态文明制度建设的理念以来，"生态文明制度建设""生态文明体制改革""生态文明制度体系"等概念成为中国共产党推进中国特色社会主义生态文明建设的重要概述，表明了我国生态文明制度建设思想更加成熟。

三、中国化马克思主义关于构建生态文明制度体系的思想

马克思说过："正确的理论必须结合具体情况并根据现存条件加以阐明和发挥。"② 这是我们对待马克思主义理论的正确态度，同样也是对待生态文明制度理论的正确态度。习近平总书记指出："相比过去，新时代改革开放具有许多新的内涵和特点，其中很重要的一点就是制度建设分量更重，改革更多面对的是深层次体制机制问题，对改革顶层设计的要求更高，对改革的系统性、整体性、协同性要求更强，相应地建章立制、构建体系的任务更重。"③ 随着生态文明建设的不断深入，我国现行的生态保护法律法规不能完全适应我国生态环境保护和建设的迫切需要。在生态文明建设领域，坚决破除一切妨碍生态文明建设的思想观念和体制机制弊端，因为"我国生态环境保护中存在的一些突出问题，一定程度上与体制不健全有

---

① 中共中央文献研究室，十八大以来重要文献选编（中）[M].北京：中央文献出版社，2016:164.

② 马克思恩格斯全集（第 47 卷）[M].北京：人民出版社，2004:35.

③ 中共中央关于坚持和完善中国特色社会主义制度、推进国家治理体系和治理能力现代化若干重大问题的决定 [M].北京：人民出版社，2019:52.

关"①，体制不健全问题影响我国生态文明建设。

为解决我国生态领域制度体系的短板问题，中国共产党建立起生态文明制度的"四梁八柱"，把生态文明建设纳入制度化、法治化轨道。2013年11月，党的十八届三中全会提出，"建设生态文明，必须建立系统完整的生态文明制度体系，用制度保护生态环境"②。2013年12月，习近平总书记在中央经济工作会议上进一步指出："生态文明领域改革，三中全会明确了改革目标和方向，但基础性制度比较薄弱，形成总体方案需做些功课。"③2015年5月，党中央就加快推进生态文明建设出台指导意见，要求"基本形成源头预防、过程控制、损害赔偿、责任追究的生态文明制度体系"④。2015年9月，生态文明制度体系顶层设计最终定型，形成了覆盖源头预防、过程严管、后果严惩全过程的生态文明制度体系建设总体方案。这一方案既是对我国以往环境保护制度的查缺补漏，又是针对深层次生态环境问题的制度重构和创新。2018年5月，习近平总书记在全国生态环境保护大会上发表重要讲话，提出新时代推进生态文明建设的原则，强调要加快构建生态文明体系。2019年11月，党的十九届四中全会明确提出坚持和完善生态文明制度体系，将生态文明制度作为中国特色社会主义制度的重要组成部分，进一步凝练了生态文明制度建设的顶层设计，重点提出实行最严格的生态环境保护制度，全面建立资源高效利用制度，健全生态保护与修复制度，严明生态环境保护责任制度等四个方面的环环相扣的制度体系。例如，关于建立健全资源生态环境管理制度，习近平总书记指出：

---

① 中共中央文献研究室.习近平关于社会主义生态文明建设论述摘编[M].北京：中央文献出版社，2017:102.

② 中共中央关于全面深化改革若干重大问题的决定[N].人民日报，2013-11-16（001）.

③ 中共中央文献研究室.习近平关于社会主义生态文明建设论述摘编[M].北京：中央文献出版社，2017:103.

④ 中共中央国务院关于加快推进生态文明建设的意见[M].北京：人民出版社，2015:23.

"从制度上来说，我们要建立健全资源生态环境管理制度，加快建立国土空间开发保护制度，强化水、大气、土壤等污染防治制度，建立反映市场供求和资源稀缺程度、体现生态价值、代际补偿的资源有偿使用制度和生态补偿制度，健全生态环境保护责任追究制度和环境损害赔偿制度，强化制度约束作用。"①

习近平总书记指出："法律的生命力在于实施，法律的权威也在于实施。'天下之事，不难于立法，而难于法之必行。'如果有了法律而不实施、束之高阁，或者实施不力、做表面文章，那制定再多法律也无济于事。全面推进依法治国的重点应该是保证法律严格实施，做到'法立，有犯而必施；令出，唯行而不返'。"② 全民守法是关键。"法律的权威源自人民的内心拥护和真诚信仰。人民权益要靠法律保障，法律权威要靠人民维护。"③ 人是自然的一部分，公众不是生态文明建设的旁观者、局外人，而是生态文明建设的参与者、受益者。通过构建生态文明制度体系，赋予公众生态文明建设的明确责任和义务，例如国家出台的生活垃圾分类管理制度，最大限度实现垃圾资源再利用，改善人居环境，实现公众从"要我自觉"转变到"我要自觉"的质变。

任何一种思想的发展都不是一蹴而就的，是一代代人经过艰辛探索后逐渐成熟和完善起来的。新时代中国特色社会主义生态文明制度建设不是孤立存在的，而是有着显著的历史继承性。中国共产党人的生态文明制度思想是一以贯之、一脉相承的，我国生态文明制度建设实践也是在不断继承、创新的。中国特色社会主义生态文明建设思想是中国共产党人在不同

① 中共中央文献研究室. 习近平关于全面深化改革论述摘编[M]. 北京：中央文献出版社，2014:105.
② 中共中央文献研究室. 十八大以来重要文献选编（中）[M]. 北京：中央文献出版社，2016:150.
③ 中共中央文献研究室. 十八大以来重要文献选编（中）[M]. 北京：中央文献出版社，2016:172.

的时代条件下，在长期的社会主义建设、改革中不断探索和总结的结果，是对前人思想进行继承和提升的结晶。中国共产党领导人的生态文明制度建设思想具有共同的理论基础，即马克思主义的生态理论和制度理论，基于不同历史发展条件形成各自的生态文明建设思想。这些思想成为推进新时代中国特色社会主义生态文明制度建设最直接的理论基础，为中国特色社会主义生态文明事业的健康发展和中华民族的伟大复兴提供最直接的理论指导。

第三节 中华优秀传统文化中关于生态文明制度 建设的思想

崇尚自然、热爱自然是中华优秀传统文化的重要内容之一。在中国古代社会，有关生态文明的理念、制度、政令、建议等散布于历朝历代的相关律令之中。中国古代社会十分重视制度对生态环境保护的支撑作用，并形成了相对完善的制度，为新时代生态文明制度理论构建与具体实践提供了有益借鉴。

一、中国传统文化中的生态政治思想

中国古代具有丰富的生态文明制度思想，这些思想既是为统治阶级服务的上层建筑，也是治国理政的重要方略之一。正确认识和处理人与自然的关系，是涉及一个国家能否长久发展的根本问题，优秀传统文化思想无疑为中国特色社会主义生态文明制度建设提供重要的思想资源。

（一）中国古代的生态治国理念

古代社会由于生产力水平较低，人类生存和发展更依赖于自然界。中国自古强调的"天人合一"思想，意为人们要遵循自然规律，才能实现人与自然和谐发展。《逸周书·文传解》中写到："山林非时不升斤斧，以成草木之长；川泽非时不入网罟，以成鱼鳖之长。"管仲曾说："有道之君，行治修制，先民服也。"意为执政者需要通过制定有效制度来管理国家，从而达到和谐善治的目的。《管子·轻重甲》道："为人君而不能谨守其山林、菹泽、草莱，不可以立为天下王。"[①]君王治国理政必须保护生态环境。

---

① 管子[M].姚晓娟，汪银峰，注译.郑州：中州古籍出版社，2010:339.

主张禁止对大自然不合时的利用："春无杀伐，无割大陵，倮大衍，伐大木，斩大山，行大火，诛大臣，收穀赋。夏无遏水达名川，塞大谷，动土功，射鸟兽。秋毋赦过、释罪、缓刑。冬无赋爵赏禄、伤伐五藏。"① 生态环境也是社会财富，《管子·立政》记载："山泽救于火，草木植成，国之富也。"② 因此，正确处理人与自然的关系，只有热爱自然、尊重自然，才能维护社会的和谐和国家的稳定。

中华民族历来崇尚遵循自然规律，节约自然资源。《周易》曰："节以制度，不伤财，不害民。"孔子主张资源节约，他认为："节用而爱人，使民以时。"孟子把保护生物资源与王道、仁政联系起来，他说："数罟不入洿池，鱼鳖不可胜食也。斧斤以时入山林，材木不可胜用也。谷与鱼鳖不可胜食，材木不可胜用，是使民养生丧死无憾也。养生丧死无憾，王道之始也，……七十者衣帛食肉，黎民不饥不寒，然而不王者，未之有也。"③ 以德服人、仁义治国，这是儒家最高的政治理想与道德理想。孟子把保护生态资源以满足百姓的生活需要作为推行王道、仁政的措施来看待。荀子对先秦时期的生态道德作了比较全面的总结，他认为："君者，善群也。群道当则万物皆得其宜，六畜皆得其长，群生皆得其命。"④ 君主应当善于协调生物群落的关系，使各种生物和谐发展，动物得以兴旺繁衍，其他生物也得以生存，主张将保护生物资源作为一项制度确定下来。"强本而节用，则天不能贫，……本荒而用侈，则天不能使之富"⑤ "万物各得其和以生，各得其养以成"⑥。可见，荀子认为资源是有限的，倡导资源节约既能满足人的发展，又不至于造成环境问题和资源枯竭。

① 管子 [M]. 姚晓娟，汪银峰，注译. 郑州：中州古籍出版社，2010:367.
② 管子 [M]. 姚晓娟，汪银峰，注译. 郑州：中州古籍出版社，2010:35.
③ 杨伯峻. 孟子译注 [M]. 北京：中华书局，1960:5.
④ 荀子 [M]. 安小兰，译注. 北京：中华书局，2007:91-92.
⑤ 荀子 [M]. 安小兰，译注. 北京：中华书局，2007:109.
⑥ 荀子 [M]. 安小兰，译注. 北京：中华书局，2007:111.

（二）设置专门的环境保护机构

为保护生态环境，中国古代设有专门的职能机构，以确保国家健康运行和良好发展。早在三皇五帝时期，舜任命伯益为管理山泽草木鸟兽的官员，确定这一官职为"虞"。《尚书》记载："帝曰：'畴若予上下草木鸟兽？'佥曰：'益哉。'帝曰：'俞！'咨益：'汝作朕虞。'"[①]任命官员掌管山泽，治理林、牧、渔等副业。根据清代黄本骥所撰《历代职官表》，夏、商、周均有"虞"。《周礼》详细记述了有关周朝管理山林川泽的官员的建制、名称、编制及职责等，"山虞掌山林之政令，物为之厉而为之守禁"，"林衡掌巡林麓之禁令，而平其守"。周朝地官大司徒分管农、林、牧、渔等生产部门及教育和税收，并按山林川泽的大小分设了大、中、小三类官职，并配以相应的工人编制。先秦时期，除了"虞"一职外，还有专门保护生态环境的麓人、衡鹿、舟鲛、虞候等官职，《左转·昭公二十年》中记载了各个官职所对应的职责：守护山林的官职为"衡鹿"（"山林之木，衡鹿守之"），管理川泽的官职为"舟鲛"，管理薪柴的官职为"虞候"，管理海产的官职为"祈望"。

秦汉时期，统治者对职官制度进行大改革，但虞、衡等制度被继承下来。隋唐之际，管理与保护山林川泽的制度日渐完善，如唐朝设立了较完整的职能机构，包括工部、屯田、虞部和水部四个部门。《旧唐书·职官志》记载，唐朝有虞部郎中、虞部员外郎的官职，其职责为"掌京城街巷种植，山泽苑囿，草木薪炭，供顿田猎之事"。宋代将虞部划归工部，成为其下设机构，掌山泽、苑囿、场治之事。明清两朝延续了宋代的机构设置思路，均在工部下设虞衡清吏司、都水清吏司和屯田清吏司。历朝历代通过设置专门政府机构，使自然资源得到了较好的保护。

---

① 尚书[M].慕平，译注．北京：中华书局，2009:28.

二、中国传统文化中的生态法制思想

我国古代社会通过法律法规的实施，保护生态环境。例如，《韩非子·内储说上》记载："殷之法，弃灰于公道者，断其手。"①意为乱丢垃圾，就要被断手，反映了古代对生态环境保护的高度重视。

夏商时期虽没有专门的环保法律，但有了一些生态保护的条文，周代开始出现相关法令。西周《伐崇令》是我国现存的最早、最完整的古代环境法规，其中明文规定，凡乱伐树木者"死无赦"；《管子·地数》记载："苟山之见荣者，谨封而为禁。有动封山者，罪死而不赦。有犯令者，左足入，左足断；右足入，右足断。"②秦代制定了我国最早的关于保护生态资源的法律《田律》，对农田水利、作物管理、水旱灾荒、山林保护等都有具体的规定。

唐代为美化城市环境，君王经常下令植树造林，例如，唐广德元年（公元763年）九月颁布诏令，规定京城内的六条街道都要种植行道树。唐律规定禁止毁坏街道及路边树木；禁止乱倒污水，明确对倒排污水的人执行处罚。牛、马为生产和军事活动的重要工具，唐律禁止残杀牛、马，"诸故杀官私马牛者，徒一年半。赃重及杀余畜产，若伤者，计减价，准盗论，各偿所减价，价不减者，笞三十。其误杀伤者，不坐，但偿其减价。主自杀马牛者，徒一年。"③

宋元明清时期的律令基本承继了唐律的内容，将保护自然和环境作为法律调整的内容之一。宋太祖建隆二年颁布了《禁采捕诏》，宋太宗太平兴国三年颁布了《二月至九月禁捕诏》，明确规定禁止捕杀犀牛、青蛙等

---

① 张觉．韩非子全译[M]．贵阳：贵州人民出版社，1992:495.

② 管子[M]．李山，译注．北京：中华书局，2009:337.

③ 盛辉辉．《唐律疏议》中军事资产保护问题研究[J]．重庆科技学院学报（社会科学版），2010（20）:136-138.

动物作菜肴，禁止以鸟羽、龟甲、兽皮作服饰。在《大元通制条格》中，有禁野火的规定："若令场官与各县提点正官一同用心巡禁关防，如有火起去处，各官一体当罪，似望尽心。本部约会户部官一同定拟得：所办监课，乃国之大利。煎办之原，灶草为先。"① 明朝将植树列为百姓的一项法定义务，并设有侵占街道罪，因为侵占街道以及环境污染会对公共环境、公共利益造成危害。《大明律》记载："凡侵占街道，而起盖房屋，及为园圃者，杖六十，各令（拆毁）复旧。其穿墙而出秽污之物于街巷者，笞四十。出水者，勿论。"②《大清律例》记载："凡侵占街巷通路，而起盖房屋及为园圃者，杖六十，各令（拆毁）复旧。其（所居自己房屋）穿墙而出秽污之物于街巷者，笞四十。"③ 北洋政府的《暂行新刑律》亦针对森林砍伐盗窃做了明确规定。

三、中国传统文化中的生态道德制度思想

中国古代社会中一直有着重视德治的传统。"所谓仁义礼乐者，皆出于法。"古代以"礼""德"作为行为规范。"德"能够约束人们的行为，《论语·为政》指出："道之以政，齐之以刑，民免而无耻；道之以德，齐之以礼，有耻且格。"④ 因为刑政仅能让人产生畏惧，内心并没有受到感化。西汉以后，不少生态道德准则被帝王以具体诏令的形式颁布，强制臣民遵守。只有内化于心，才能外化于行，"礼""德"能让人的内心受到感化，自觉遵守社会行为规则，进而将其功能扩展到社会的各领域。

生态文明思想融入祖训家规、乡村民约之中。例如，安徽祁门县《善

---

① 贾秋宇.中国古代的生态环境立法及史鉴价值[J].人民论坛·学术前沿，2018（19）:104-107.

② 同上。

③ 同上。

④ 张宴婴.论语译注[M].北京:中华书局，2007:13.

和乡志》记载：明洪武、永乐年间，"各家爱护四周山水，培植竹木，以为庇荫。如有犯约者，必并力讼于官而重罚之，……载瞻载顾，勿剪勿伐，保全风水，以为千百世之悠悠之业。"①明嘉靖三十六年（1557年），徽州洪氏族众合约规定："为山地林木屡被族人盗砍，今共立文约，令各户子孙遵守。""盗砍成材树一根罚银十两，童仆违犯，坐罚家长。"②清代江苏昆山《李氏族谱族规》规定："有乱砍本族及外姓竹木、松梓、茶柳等树及田野草者，山主佃人指名投族，即赴祖堂重责三十板，验价赔还。"③大理白族的族规村约中就有这样的条文："斧斤时入，王道之本，近有非时入山，肆行砍伐，害田苗于不顾，甚至盗砍西山，徒为己便，忍伐童松，实属昧良！此后，如有故犯者，定即从重公罚。"④上述族规乡约，内容因时因地有所不同，但都包含了共同爱护自己的美好家园的生态文明思想。

　　中国自古以来就十分重视对山川、泽湖等方面的保护，系统整理、认真总结和深入研究古代社会有关敬畏生命、爱护环境和珍视资源的制度思想及其实践，充分汲取其中积极、合理的部分，对推进新时代中国特色生态文明制度建设，实现人与自然和谐共生的现代化具有重要的借鉴意义。

①　关传友.论明清时期宗谱家法中植树护林的行为[J].中国历史地理论丛，2002（04）:66-73.
②　同上。
③　同上。
④　徐少锦.中国古代生态伦理思想的特点[J].哲学动态，1996（07）:41-44.

第四节　西方生态文明制度建设思想的有益借鉴

中华民族兼容并蓄、海纳百川，不断转化和利用其他文明的有益成果，形成更具民族特色、时代特色的中华文明。对待国外理论，"我们有符合国情的一套理论、一套制度，同时我们也抱着开放的态度，无论是传统的还是外来的，都要取其精华、去其糟粕"①。

一、环境政治学的制度思想

生态环境问题是事关全人类永续发展的核心问题。生态环境问题不仅是一个生存问题和发展问题，而且是一个社会问题和政治问题。事实上，环境问题导致的群体性事件和暴力运动频发，环境问题政治化成为一种趋势。为探求环境问题的政治化现象，即构建一种新的理论视角阐释环境与政治的关系，以政治视角探求人与自然、人与社会、人与人的关系，环境政治学应运而生。环境政治学关注的核心议题，即"如何构建人类与维持其生存的自然环境基础间的适当关系的政治理论探索与实践应对"②。

环境政治学是政治学与环境学科相结合的交叉学科，它具有广义和狭义之分。广义的环境政治学指的是研究全球性政治生态系统的形成过程、基本状态、发展趋势及制约因素的系统性学科，狭义的环境政治学意指研究一个国家或地区范围内的政治制度、政治体制及其影响政治功能发挥的多维要素的交叉性学科。③ 20 世纪 90 年代以来，环境政治学成为西方学

① 中共中央文献研究室. 习近平关于全面依法治国论述摘编 [M]. 北京：中央文献出版社，2015:35.
② 郇庆治. 环境政治学研究在中国：回顾与展望 [J]. 鄱阳湖学刊，2010（02）:45-56.
③ 宋协娜. 执政环境研究的一个理论支撑——建立中国特色的环境政治学 [J]. 理论前沿，2005（08）:18-20.

界研究的焦点，学者众多，并形成了较为丰硕的理论成果。例如，德国学者马丁·耶内克（Martin Jarucke）和克劳斯·雅克布（Klaus Jacob）的《全球视野下的环境管治：生态与政治现代化的新方法》，澳大利亚学者罗宾·艾克斯利（Robyn Eckersley）的《绿色国家：重思民主与主权》，美国学者罗尼·利普舒茨（Ronnie D. Lipschutz）的《全球环境政治：权力、观点和实践》等。

"全球治理的合法性""环境问题政治化""环境问题制度化"是环境政治学研究的重要议题。参与生态文明建设的主体包括党和政府、企业、社会组织、个人等。其中，党和政府是核心主体，如何明确生态文明建设的主体角色和分工，是一个全局性的问题。环境政治学从理论上阐述了政府、市场和社会在提供环境建设中的作用及其相互关系。环境政治学从环境学、政治学、社会学等多个学科视角思考生态环境问题，其中关于体制、制度、制度化、制度体系等方法，为我国生态文明制度建设提供了新思路。当然，环境政治学虽未能直接指明政府如何进行生态文明制度建设，但其生态学、政治学的交叉视角为我国生态文明建设提供了一定的理论基础，为我国生态文明制度建设提供了积极的思想资源。

二、制度经济学的制度思想

西方理论界对制度问题的研究由来已久，一般认为制度具有三个重要特性。一是制度是社会的基石，二是制度具有延续性，三是制度对人类行为的影响具有规律性。作为西方新制度主义的集大成者，道格拉斯·诺斯（Douglass C. North）认为："制度构造了人们在政治、社会或经济方面发生交换的激励结构，制度变迁则决定了社会演进的方式，因此，它是理解历史的变迁的关键。"[1]诺斯在考察西方经济发展历史后得出一个结论，即组

---

① （美）道格拉斯·诺斯.制度、制度变迁与经济绩效[M].刘守英，译.上海：上海三联书店，1994:1-3.

织关系、经济关系、社会关系共同作用于社会制度变革的深层原因。他认为，社会制度的变迁所遵循的是一种"路径依赖"。一个制度体系的最初选择将影响制度变迁的全过程，这种制度选择具有自我完善的能力。国家基于以往的发展经验，一方面可以形成有效的、良性发展的制度体系，另一方面可能形成无效的、畸形发展的制度体系。

新制度主义者将制度定义为规范人们行为的一套规则。西方制度主义者对制度问题的研究视角和领域极为广阔，他们从更宽广的历史视野来考察和解释制度的形成过程和变迁过程。例如，理性选择制度主义者往往关注个人选择和制度影响下的结果分析；社会学制度主义者更关注超越文化和超越制度本身的外在因素对制度变迁的解释。[1] 无疑，西方制度主义学派对制度问题有着深刻的研究，拓展了马克思主义对制度问题的研究思路，丰富了对制度问题研究的框架视野[2]，其中某些研究视角、研究观点对于我们研究中国特色社会主义生态文明制度具有积极的借鉴作用。

制度经济学对制度变迁问题的深入研究，为我们研究制度演化问题提供了一个新的分析框架，拓宽了我们对社会主义制度问题的研究对象和研究领域。例如，诺斯制度变迁与产权的理论、意识形态与国家的关联互动的理论，这些理论在分析中国特色社会主义制度的理论基础和制度建设问题时不可缺失；西方制度主义关于制度的强制性变迁与诱致性变迁的研究，有助于对中国特色社会主义制度体系的生成规律的分析；新制度主义对正式制度与非正式制度关系的研究，对制度与行动者互动关系的研究，有助于我们深入分析中国特色社会主义生态文明制度体系的运行层次等问题。当然，研究新时代中国特色社会主义生态文明制度，我们必须始终坚持马克思主义的基本立场、观点、方式，我们必须回到马克思主义的视域

---

① 刘燕.论新制度主义的研究方法 [J].理论探讨，2006（03）:40-41.

② 张艳娥.中国特色社会主义制度创新研究 [D].陕西师范大学，2014.

中找寻正确答案。

三、生态马克思主义的社会制度思想

"制度批判"是生态马克思主义理论的核心要义，这种"制度批判"是对资本主义制度及其生产方式的根本性批判。[①] 生态马克思主义揭示了资本主义面临的生态危机，指认资本主义生产方式是产生生态环境问题的根源，并主张通过变革资本主义制度，建立生态社会主义制度，从根本上解决人类面临的生态环境问题。

其一，生态社会主义属于社会主义制度的范畴。本·阿格尔（Ben Agger）认为，资本主义具有"加深异化、分裂人的存在、污染环境以及掠夺自然资源的趋势"。[②] 安德烈·高兹（Ardre Gorz）认为，资本主义的生产方式是无视自然环境、自然资源，这是与人类实现绿色发展，人类社会的文明进程完全对立的。基于生产资料公有制的社会主义制度，社会生产的目的不是一味地追求利润最大化，而是对资源的合理配置和对环境的保护，以满足人们对美好生活的期待，实现人类社会整体的发展进步。因此，必须废除资本主义制度，才能建立一个合乎人类文明的新社会，即生态社会主义。[③] 生态环境问题的本质是选择什么样的生产方式和生活方式的问题。詹姆斯·奥康纳（James O'Cornor）是当代西方生态马克思主义的代表人物之一，他指认了以资本的运营为基础的生产方式，是产生生态危机的关键所在，资本主义社会以追求无限价值为目的，从不考虑这种无限利益追求带来的生态环境后果。他认为，资本主义社会包含双重矛盾。具

---

① 王雨辰. 论发展中国家的生态文明理论 [J]. 苏州大学学报（哲学社会科学版），2011（06）:37-42.

② （加）本·阿格尔. 西方马克思主义概论 [M]. 慎之，等，译. 北京：中国人民大学出版社，1991:486.

③ 孙卓华. 生态社会主义思潮的特征与发展趋势 [J]. 学术论坛，2005（12）:52-55.

体而言，他把马克思阐释的资本主义社会的基本矛盾视为"第一重矛盾"，把资本主义的生产方式与生产条件（自然条件）之间的矛盾称为"第二重矛盾"。正如他所说："这就表明资本主义生产过程为了获得更大利润破坏生态环境，国家又无法采取措施重新建立理性的资本主义体系。"[①] 生态危机成为影响人类社会发展的重大难题，人与自然和谐相处的生态社会主义道路成为人类发展的必然之路。

其二，生态社会主义遵循整体性的发展原则。生态社会主义者旗帜鲜明地批判了当代资本主义的发展模式，提出和谐发展观理念以重构新的发展体系。这种发展观不同于以往片面追求人类自身发展的模式，要求建立人、社会、自然的有机联系，尊重和承认自然本身的发展价值。人与自然的关系、人与人的关系、人与社会的关系都处于生态系统和社会系统的共同作用之中，而且生态系统与社会系统之间相互作用、相互影响。事实上，资本主义面临着经济、政治、文化、社会及生态环境等多重危机，生态环境危机只是资本主义面临的危机之一。这些危机的本质是资本主义制度本身的危机，资本主义制度无法指引人类走向更加美好的未来，因为资本主义面临的多重危机之间不是相互独立的，而是相互作用和相互联系的，所以任何寻求单独解决某一危机的行动都不可能成功。因此，解决人类面临的生态环境危机，必须回到社会制度或社会结构的框架内寻求答案，而人与自然和谐与共的生态社会主义是一种可能的选择。[②] 社会主义制度能够使经济与社会之间的关系发生根本的转变，正如卡尔·波兰尼（Karl Polanyi）指出："社会主义基本上是工业文明中固有的趋势，即通过

---

① （美）詹姆斯·奥康纳.自然的理由——生态学马克思主义研究[M].唐正东,臧佩洪,译.南京:南京大学出版社,2003:288.

② 徐民华,王增芬.生态社会主义的生态发展观对构建和谐社会的启示[J].当代世界与社会主义,2005（04）:39-43.

有意识地将其置于民主社会中来超越自我调节的市场。"[①]资本主义制度只是服务于少数人的利益的制度，资本主义制度无法走向未来，只会走向资本驱动下的"牢笼"。日本学者岩佐茂认为，社会主义在本质上应该是生态社会主义，社会主义能够克服资本主义固有矛盾，即生产方式的无限性和资源有限性之间的矛盾，能够从根本上解决生态问题，这也充分体现了社会主义对资本主义显著的优越性。[②]

生态马克思主义对资本主义生产方式的批判，揭示了资本主义生产与生产条件之间的固有矛盾，指明了走向社会主义是人类的必然选择。西方生态马克思主义理论在继承马克思主义思想的基础上，深刻探究了人与自然的关系，探索人类未来发展的可能进路。在新的历史条件下，我们应该清楚地认识到推进生态文明建设是一个复杂的系统工程，需要自然、人、社会各要素的协同，特别是要发挥制度要素对生态文明建设的根本性的支撑作用。西方生态马克思主义对资本主义生态危机的深刻批判，对生态环境问题的研究，为我国社会主义生态文明制度建设提供了丰富的思想资源。

① 克劳斯·托马斯贝尔格，申森.人类世时代的社会主义转型 [J].国外理论动态，2019（12）:85-90.

② （日）岩佐茂.环境的思想:环境保护与马克思主义的结合处 [M].韩立新，等，译.北京：中央编译出版社，1997:8.

本章小结

　　生态文明是一种新的文明形态，社会主义生态文明是人类发展的目的和归宿。马克思、恩格斯及列宁等马克思主义经典作家阐明了人与自然的辩证统一的关系，为正确处理人与自然关系提供了哲学的系统思维。他们对资本主义进行了深刻批判，指认了资本主义制度是产生生态问题的根源，为中国特色社会主义生态文明制度建设提供了坚实的理论基础。中国特色社会主义生态文明制度既是马克思主义中国化的理论成果，也是马克思主义中国化的具体实践，为中国特色社会主义生态文明建设提供了根本遵循。中华民族向来崇尚自然、热爱自然，中国特色社会主义生态文明建设延续着中华民族优秀的文化基因，是中华优秀传统生态理念与共同理想的时代呈现，也是中华优秀传统文化在新时代生态文明建设中实现创造性转化、创新性发展的印证。西方生态文明制度建设思想也是中国特色社会主义生态文明制度建设的重要来源，对其进行合理吸收和借鉴，有助于佐证和增强中国特色社会主义生态文明制度建设的科学性、时代性和真理性。

我国生态文明制度建设的
历史考察与内在逻辑

　　问题是时代的声音，不同时代总有属于该时期的问题。认识问题是解决问题的第一步，人类认识世界、改造世界的过程，就是不断认识问题、解决问题的过程。当今世界正经历百年未有之大变局，中国特色社会主义伟大事业正处于爬坡过坎的紧要关口，进入发展的关键期、改革的攻坚期、矛盾的凸显期的三种叠加期，正如邓小平指出的："发展起来以后的问题不比不发展时少。"①推进新时代中国特色社会主义生态文明制建设，是中国共产党对解决生态环境问题的直接回应。考察我国生态文明制度建设历程，探究生态文明制度建设的逻辑理路，既有助于我们把握好新时期我国社会主义生态文明建设的内在规律，也有助于完成把人民对美好生活的向往变成现实的时代使命。

第一节　中国特色社会主义生态文明制度建设的历程

　　中国特色社会主义生态文明制度建设的成就不是从天上掉下来的，而是在新中国成立70多年的持续探索中得来的，更是在中国共产党领导中

---

①　冷溶，汪作玲.邓小平年谱（1975—1997）（下）[M].北京：中央文献出版社，2004:1364.

国人民进行百年伟大实践中得来的。中国特色社会主义进入新时代，既是我国发展新的"历史方位"，也是实现"强起来"的新起点。明确我们所处的历史方位至关重要，只有首先明确我们"身在哪里"，才能进一步明确我们将"走向哪里"。保护人们栖身的生态环境，改善人们的生活环境，这是关乎我国社会主义事业兴旺发达、人民群众美好幸福生活的千秋伟业。生态文明制度既是马克思主义中国化的重要理论成果，又是解决我国社会主义建设过程中生态环境问题的一系列重要举措。新中国成立70多年来，党和国家对生态环境问题高度重视，生态文明制度的建设经历了从无到有，逐步成熟、完善的发展过程。

一、生态文明制度建设的起步探索时期（1949—1977）

从新中国成立至改革开放的这一时期，是我国生态文明制度建设的起步阶段。新中国成立初期，我国基本处于农业社会，生态环境破坏程度和环境污染压力都相对较小。为了尽快巩固无产阶级政权，大力开展社会主义建设，当时社会的主要任务是将我国由农业国转变为工业国。因此，这一时期，我国生态文明制度建设主要围绕水利治理和植树造林活动展开。在"社会主义三大改造"完成后，我国的社会主义事业进入全面建设时期，但由于过分注重工业化建设，忽视了对生态环境的保护，在一定程度上造成了生态环境的恶化。例如，在"大跃进"时期，我国钢铁产量为了实现"赶英超美"的目标，采用高污染、低产出的粗放式生产，忽视了社会效益、生态效益；又如，为了尽快增加耕地面积、提高粮食产量，国家鼓励大规模开荒，使得大量的湿地、草地、林地被开垦为农田，但由于我国特殊的自然条件和人口过快增长，使得生态环境遭到一定程度的破坏。为了解决资源利用、环境保护、人口增长与经济发展的矛盾问题，我国在全面推进社会主义经济建设的同时，制定兴修水利、节约资源、植树造林、荒漠治理等制度，积极开展生态环境保护工作。

第一，开展水利治理。新中国成立伊始，我国水利基础薄弱、水旱灾害频发，治理江河湖泊成为当时巩固和建设社会主义的重要任务之一。为此，国家"有计划、有步骤地恢复并发展防洪、灌溉、排水、放淤、水力、疏浚河流、兴修运河等水利事业"。[①] 例如，为治理淮河水患，1950年政务院发布了《关于治理淮河的决定》，同年成立了国家治淮委员会，从制度上保证淮河治理有序开展。"黄河宁、天下平"，从古至今黄河流域治理都是治国理政的大事。为此，1951年国家正式成立黄河水利委员会；1955年黄河规划委员会公布《河产管理暂行办法》，以保证黄河治理工作的顺利推进。

第二，推进林业建设。新中国成立之初，国家就开始大力推进林业建设工作。1950年，国家就发布了《关于全国林业工作的指示》，积极倡导保护森林资源，严禁盲目开荒、烧山和乱伐山林等活动；1958年，中共中央、国务院发布的《关于在全国大规模造林的指示》，明确指出植树造林既能够保持水土、涵养水源、减少灾害，又能够满足社会主义建设所需用的木材资源，动员全社会大力开展植树造林活动。此后，国家相继颁布了《关于保护和改善环境的若干规定（试行草案）》（1961年）、《森林保护条例》（1963年）、《关于加强山林保护管理、制止破坏山林树木的通知》（1967年）等规定，为保护森林、发展林业提供了重要的制度保障。

第三，实施环境治理。为了改善人居环境，提高人民群众的生活质量，国家相关部门也采取了针对性举措、出台了一些具有环保功能的文件和法规。例如，1952年兴起了爱国卫生运动，各地积极开展城市环境整治工作，提升城市人居环境；1956年，国家明确了综合利用"工业废物"的

---

① 中国社会科学院，中央档案馆.1949-1952：中华人民共和国经济档案资料选编·农业卷［M］.北京：社会科学文献出版社，1991:444.

方针，对国家第一个五年规划时期（1953—1957）建设的重大项目采取了严格的污染防治措施。20 世纪 70 年代初，国家明确要求对"三废"（废水、废渣、废气）进行科学处理和有效回收利用，并在全国上下开展了工业资源的综合利用、消除和改造"三废"的活动，客观上保护了我国的生态环境。1973 年 8 月，国务院召开了第一次全国环境保护会议，会议审议通过了《关于保护和改善环境的若干规定（试行草案）》，这是我国首次出台专门的环境保护文件。第一次全国环境保护会议召开后，从中央到地方都相继建立了环境保护的职能部门，加强生态环境管理、保护力度。此外，1974 年 10 月，国务院正式成立环境保护领导小组，标志着促进生态文明建设进入新阶段。

这一时期，由于生产力水平较低，对生态环境的开发利用速度低于生态环境的自我修复速度，环境问题尚未完全凸显出来，我国生态文明制度建设更多地聚焦在治理水患和林业建设方面。从新中国成立到改革开放前，党和国家在生态环境保护方面进行了探索与尝试，制定了一些环境保护的政策举措，为后续我国生态文明制度建设积累了一定的经验、奠定了一定的基础。但整体而言，这一时期我国的生态文明建设制度，只是零星的、针对某方面的环境治理而作出的一些规定，缺乏具体、规范的程序，尚未形成完整的环境制度体系，无法满足生态环境保护的系统性、体系化的要求，而且，已有政策举措未能得到有效落实和严格执行。

二、生态文明制度建设的初步奠基时期（1978—1991）

党的十一届三中全会决定实行改革开放，国家从以前高度集中的计划经济体制转向有计划的市场经济。这一时期，一方面我国工业化进程加快，市场经济发展迅速；另一方面，以经济建设为中心客观上导致了环境责任意识弱化，使得环境问题日渐显著。1978 年 12 月，邓小平在中央工作会议上指出，社会主义事业发展必须加强法制建设。[①] 此后，党和国家高度重视法律制度对保护生态环境的作用，将保护生态环境纳入法制化轨道，并相继出台了一系列有关生态环境保护的法律法规。

第一，推动生态环境保护正式立法。1978 年 3 月，第五届全国人民代表大会第一次会议通过重新修订的《中华人民共和国宪法》，把环境保护写入宪法，充分体现了党和国家对生态环境事业的高度重视；1979 年 9 月，国家颁布《中华人民共和国环境保护法（试行）》，这是我国颁布的第一部综合性的环保法。1981 年 12 月，国家出台的《关于开展全民义务植树运动的决议》明确指出，植树造林、绿化祖国是建设社会主义、造福子孙后代的伟大事业，也是维护和改善生态环境的一项重大措施。1989 年 12 月，国家正式出台《中华人民共和国环境保护法》，标志着我国生态环境立法体系初步形成。

第二，把生态环境保护上升为基本国策。为了改善我国的生态环境，1978 年，国务院正式启动了"三北防护林工程"，在我国的西北、华北及东北西部地区大力推进种树种草，通过建立带、片、网相结合的防护林体系，起到涵养水源、防风固沙、改善气候的作用。1981 年 2 月，国务院发布了《关于在国民经济调整时期加强环境保护工作的决定》，首次明确了生态环境"谁污染、谁治理"的责任原则。1982 年 2 月，国务院出台了《征收排污费暂行办法》，排污收费制度正式建立，通过经济手段促进生态文明建设。1983 年 12 月，国务院召开第二次全国环境保护会议，把环境保护工作上升到国家战略的高度，并将环境保护确立为我国需要长期坚持的一项基本国策。[②]

第三，成立了生态环境保护的专职部门。为了加强对生态环境保护工作的统一领导，1982 年，中央绿化委员会正式成立，统一组织领导我国义

① 邓小平文选（第 2 卷）[M].北京：人民出版社，1994:146.
② 中共中央文献研究室.十四大以来重要文献选编（下）[M].北京：人民出版社，1999:1971.

务植树和国土绿化工作。同年，国家组建城乡建设环境保护部，内设环境保护局。1984 年，国务院出台了《关于加强环境保护工作的决定》，决定成立国务院环境保护委员会，以协调相关职能部门环境保护工作；1988 年，国务院成立了国家环境保护局，作为国务院的重要职能机构之一。国家环境保护局作为国家专门的生态环境保护的职能部门，有利于推动生态环境保护工作的开展，有利于推进生态环境保护法律法规的执行，有助于提升国家生态环境保护的能力。

这一时期，我国社会主义各项事业从"人治"走向"法治"。我国生态文明建设也步入法制化的正轨，生态环境保护和自然资源利用的基本方针、政策相继出台，生态环境管理体系初步形成，生态环境管理部门职能显著增强，为我国新时期生态文明制度的建设、完善及创新提供了基本思路和丰富经验。

三、生态文明制度建设的稳步开展时期（1992—2011）

党的十四大正式确定我国社会主义市场经济体制，在市场经济体制条件下，我国经济社会发展进入快速发展期，但生态环境问题愈加突出。为此，党和国家采取了一系列举措，积极推进生态文明建设。

第一，确立可持续的国家战略。1992 年，联合国环境与发展大会通过了《21 世纪议程》，以保护人类地球家园。为了积极参与全球环境治理，履行环境保护的职责，我国相继发布了《中国环境与发展十大对策》（1993）和《中国 21 世纪议程》（1994），明确将可持续发展作为国家经济社会发展的基本战略和指导方针，以实现经济与人口、资源、环境的全面协调发展。1995 年 9 月，党的十四届五中全会明确提出"使经济建设与资源、环境相协调，实现良性循环"①，以促进社会的全面发展。此后，各地

---

① 中共中央文献研究室.改革开放三十年重要文献选编[M].北京：人民出版社，2008:822-836.

政府积极出台政策，推进生态文明建设。例如，2005年，浙江省首次制定了《浙江省统筹城乡发展推进城乡一体化纲要》，率先启动实施了"千村示范、万村整治"工程。

第二，坚持污染防治与生态保护并重。1996年7月，第四次全国环境保护大会指出了保护生态环境是我国实施可持续发展战略的关键，明确了"坚持污染防治与生态环境保护并重"，提出了保护环境就是保护生产力的科学论断。1996年，国家发布《中国跨世纪绿色工程规划》，重点突出技术经济和发挥综合效益的基本原则，提出对流域性水污染、区域性大气污染实施分期综合治理。为了防治水土流失、风沙危害、干旱等自然灾害，1999年国家率先在四川、陕西、甘肃3省进行退耕还林试点；2002年，国家全面启动退耕还林工程，具体范围包括中西部25个省和新疆建设兵团，共涉及2200多个县（区）。① 与此同时，为推进退耕还林工程，国务院先后发布了《关于进一步完善退耕还林政策措施的若干意见》《退耕还林条例》等政策举措，以保证退耕还林工程顺利实施。此外，为调节气候、合理利用水资源，2002年国家正式通过了《南水北调工程总体规划》。其中，东线工程（扬州—烟台、威海）、中线工程（丹江口—北京、天津）分别于2002年、2003年开工建设。2003年12月，国务院正式成立南水北调工程建设委员会办公室（正部级），负责"南水北调工程"建设的各项工作。

第三，推动生态示范区建设。党的十四大以后，我国开展了更大规模的保护环境和生态治理行动。1995年，国家批准设立了50个县级生态示范区。同年，国家环保总局印发《全国生态示范区建设规划纲要（1996—2050）》，逐步开始了生态省建设的试点工作，优先在自然环境问题突出的地区开展生态环保工作，把生态农业建设作为促进农村经济发展、生态环

---

① 中央政府门户网站.退耕还林工程创造了中国生态建设与保护的新纪元[EB/OL].http://www.gov.cn/gzdt/2009—07/02/content_1355261.htm

境全面协调发展的重要举措。此外，我国建立了各类自然保护区、生态农业示范区、森林公园等，积极推进我国环保事业的发展。

这一时期，我国环境规制政策得到快速发展，环保法律制度建设和环境管理体制得到进一步的完善，环境保护工作被纳入国家经济和社会发展的中长期规划之中。生态环境保护手段由过去的以行政手段为主向行政、经济、法律等手段相结合转变，生态保护的法规体系基本形成。

四、生态文明制度建设的全面提升时期（2012 至今）

党的十八大以来，党和国家高度重视我国生态文明制度体制改革工作，并将生态文明制度建设摆到更加突出的位置，推动我国生态文明建设和生态环保事业迈向更高水平。中国特色社会主义进入新时代后，党和国家提出包括经济、政治、文化、社会及生态文明的"五位一体"的总体布局，将生态文明建设融入经济建设、政治建设、文化建设、社会建设的各领域和全过程，明确了新时代实现美丽中国目标和推动中华民族永续发展的远大目标。

第一，加快生态文明制度体系建设。党的十九大报告中提出了"加快生态文明体制改革，建设美丽中国"①的新目标、任务、举措。生态文明制度建设作为推进国家生态文明建设领域治理体系和治理能力现代化的一项重要任务，是完善中国特色社会主义制度体系的一项重要内容和重要保障。党的十八届三中全会提出了"加快建立系统完整的生态文明制度体系"②。具体而言，一是进一步完善生态文明建设的具体制度，主要包括损害赔偿制度，责任追究制度，能源、水、土地节约集约使用制度等；二是

---

① 习近平.决胜全面建成小康社会夺取新时代中国特色社会主义伟大胜利——在中国共产党第十九次全国代表大会上的报告[M].北京：人民出版社，2017:50.

② 中共中央国务院关于加快推进生态文明建设的意见[M].北京：人民出版社，2015:23.

理顺生态文明建设的体制机制，国家构筑了自然资源资产管理、自然资源监管、国家公园体制等多项生态文明建设的新体制，确立了资源环境承载能力监测预警、生态补偿机制等；三是明确生态制度建设的时间表和路线图，2015 年国务院印发的《关于加快推进生态文明建设的意见》和《生态文明体制改革总体方案》，明确了我国生态文明制度体系建设的战略目标和实施步骤。

第二，加强生态环境保护立法与修订。2014 年 4 月，国家新修订了《中华人民共和国环境保护法》，强化了环境治理主体各方的责任；2016 年，国家出台《中华人民共和国环境保护税法》，这是我国首部专门体现"绿色税制"的单行税法；2018 年 3 月，国家把"美丽中国""生态文明"写入宪法；2020 年 5 月，国家新修订的《中华人民共和国民法典》对环境污染和生态破坏责任进行了明确。此外，我国大力推进环保机构改革。例如，2018 年国家实行"大部制"改革，新组建的国家自然资源部与国家生态环境部，进一步优化了职能配置，进一步强化了自然资源监管职能。

第三，积极参与全球生态文明制度建设。人类只有一个地球，各国共处一个世界，任何国家都无法独善其身。中国始终坚持中国立场、世界眼光、人类胸怀，积极推动人类命运共同体建设。中国共产党领导中国人民在致力于国内生态文明建设的同时，用先进的理论和实际行动诠释了可持续发展。党的十八大以来，我国率先发布《中国落实 2030 年可持续发展议程国别方案》，实施应对全球气候变化的规划方案，积极履行全球环境治理的职责，向全世界表明了中国落实联合国《2030 年可持续发展议程》的决心和实际行动，愿同世界各国人民一道致力于共同建设美丽地球家园。

新中国成立 70 多年来，党和国家对生态文明制度建设进行了艰辛探索，我国社会主义生态文明制度建设经历了从无到有、从单一到多元、从局部到整体的发展历程。我国生态文明制度建设在不同历史时期各有侧重，生态文明制度建设实现了多次战略转向。具体而言，一是新中国成立至改革开放初期以美化环境和防治工业污染为主，二是从改革开放初期的

"预防为主、防治结合"到 20 世纪 90 年代初的"预防与防治并重",三是从 20 世纪末确立"污染防治与保护并重"到党的十八大召开前夕的"统筹协调经济发展与生态环境关系",四是党的十八大以来坚持"系统完备、科学规范、运行高效"的生态文明制度构建原则。事实上,伴随着我国社会主义建设、改革的伟大实践,我国生态文明制度体系内容不断丰富,环境保护涉及的范围不断扩大,综合运用行政、经济、立法、技术等多元化手段,基本建立了由法律法规、环境标准和国际环保条约共同构成的生态文明制度体系。

党的十八大以后,中国特色社会主义进入新时代,我国社会主要矛盾发生了改变,但我国仍处于社会主义初级阶段的这一国情并未发生根本性改变。我们应该清楚地认识到,社会主义生态文明制度建设仍处于持续发展阶段,生态文明制度建设尚未完全成熟、定型。党的十九大报告明确提出,在全面建成小康社会的基础上分两步走,到 2035 年,基本实现社会主义现代化,美丽中国目标基本实现;到本世纪中叶,把我国建成富强民主文明和谐美丽的社会主义现代化强国。回顾历史,从 1949 年新中国成立到党的十三大提出社会主义建设的总目标,再到十九大提出到 21 世纪中叶实现中华民族伟大复兴。这表明社会主义建设是一项长期的历史过程,不可能一蹴而就,社会主义生态文明建设亦是如此。我们应该清楚地认识到,生态文明建设只有进行时,没有完成时;同样地,我国生态文明制度建设亦只有进行时,没有完成时。

表 3-1　我国历次环境保护会议的主要内容

会议次序	召开时间	主要贡献
第一次全国环境保护会议	1973 年 8 月 5—20 日	国家层面首次确定 32 字环境保护工作方针:全面规划,合理布局,综合利用,化害为利,依靠群众,大家动手,保护环境,造福人民。科学地认识到我国存在着比较严重的环境问题,需要认真治理。

（续表）

会议次序	召开时间	主要贡献
第二次全国环境保护会议	1983 年 12 月 31 日—1984 年 1 月 7 日	正式确立环境保护为国家的一项基本国策，提出经济建设、城乡建设和环境建设要同步规划、同步实施、同步发展。
第三次全国环境保护会议	1989 年 4 月 28 日—5 月 1 日	提出环境保护目标责任制、城市环境综合整治定量考核制、排放污染物许可证制、污染集中控制和限期治理等五项新的制度。
第四次全国环境保护会议	1996 年 7 月 15—17 日	提出保护环境是实施可持续发展战略的关键，"保护环境就是保护生产力"。确定坚持污染防治和生态保护并重的方针，确定实施《污染物排放总量控制计划》和《跨世纪绿色工程规划》。
第五次全国环境保护会议	2002 年 1 月 8 日	提出环境保护是政府的一项重要职能，要按照社会主义市场经济的要求，动员全社会的力量做好这项工作。
第六次全国环境保护会议	2006 年 4 月 17—18 日	提出"三个转变"：一是从重经济增长轻环境保护转变为保护环境与经济增长并重；二是从环境保护滞后于经济发展转变为环境保护与经济发展同步；三是从主要用行政办法保护环境转变为综合运用法律、经济、技术和行政办法解决环境问题，提高环境保护工作水平。
第七次全国环境保护会议	2011 年 12 月 20—21 日	强调坚持在发展中保护、在保护中发展，积极探索环境保护新道路，切实解决影响科学发展和损害群众健康的突出环境问题，全面开创环境保护工作新局面。
2018 年全国环境保护会议	2018 年 5 月 18—19 日	提出加大力度推进生态文明建设、解决生态环境问题，坚决打好污染防治攻坚战，推动中国生态文明建设迈上新台阶。明确生态文明建设是关系中华民族永续发展的根本大计。生态环境是关系党的使命宗旨的重大政治问题，也是关系民生的重大社会问题。

第二节 中国特色社会主义生态文明制度
建设的内在逻辑

社会主义是全面发展、全面进步的社会，社会主义生态文明是遵循人与自然、人与社会和谐发展规律的人类文明的新阶段。生态文明建设何以可能？事实证明，新时代中国特色社会主义生态文明要以制度体系为根本保障。中国特色社会主义生态文明制度是党和人民长期实践的产物，是马克思主义中国化的成果，是理论创新、实践创新、制度创新相统一的结果，"具有深刻的历史逻辑、理论逻辑、实践逻辑"[①]。中国特色社会主义生态文明制度建设不是无源之水、无本之木，它有其严密的内在生成逻辑。

一、系统科学的理论逻辑

科学理论的价值在于回答时代问题、推动实践发展。马克思曾说："理论在一个国家实现的程度，总是决定于理论满足这个国家的需要的程度。"[②]当代中国正经历着史上最为广泛而深刻的社会变革，中国特色社会主义事业正经历一场伟大实践，这为理论创造、理论创新提供了历史新机遇。习近平总书记指出："这是一个需要理论而且一定能够产生理论的时代，这是一个需要思想而且一定能够产生思想的时代。"[③]生态文明建设事关中华民族永续发展的根本大计，我们"要深刻理解把生态文明建设纳入

---

① 习近平.坚持和完善中国社会特色社会主义制度推进国家治理体系和治理能力现代化[J].求是，2020（1）:4-13.

② 马克思恩格斯全集（第3卷）[M].北京：人民出版社，2002:209.

③ 习近平.在哲学社会科学工作座谈会上的讲话[M].北京：人民出版社，2016:5.

中国特色社会主义事业总体布局的重大意义"①。制度建设是推进我国生态文明建设的重中之重,新时代生态文明建设要以制度为支撑,而生态文明制度建设离不开科学理论的指导。

　　生态文明制度的内涵是什么? 生态文明制度建设何以可能? 这些问题既是中国特色社会主义生态文明制度建设需要系统回答的时代课题,也是事关中国特色社会主义生态文明制度建设的根本性、系统性的问题。为此,我们需要首先在理论上回应新时代坚持和发展什么样的中国特色社会主义生态文明制度建设、怎样坚持和发展中国特色社会主义生态文明制度建设的时代课题。理论是对现实的关照,习近平生态文明思想是马克思主义中国化时代化的最新成果,包含一系列体现新时代特征的新观点、新论断、新理念、新思路,它既是一个内容完整、逻辑严密、特色鲜明的理论体系,也是中国共产党领导中国人民推进生态文明制度建设的世界观和方法论。深刻认识新时代中国特色社会主义生态文明制度建设思想,首先要确立生态文明制度建设的逻辑起点,明确制度建设何以成为生态文明建设的关键所在,以科学的态度回应生态文明制度体系何以可能的时代问题。

　　社会主义的本质是解放生产力和发展生产力,我们"保护生态环境就是保护生产力,改善生态环境就是发展生产力"②。生产力是人们认识自然、顺应自然、改造自然的能力。生产力的基本要素中必然包括各种自然要素,生产力是人们认识、改造、利用和保护自然的综合能力的体现。马克思主义认为,只有生产关系适应生产力的发展需求,才能推动社会发展进步。实际上,制度建设、制度创新是对生产关系的调整,只有建立起与绿色生产力相适的生产关系,才能促进生态环境保护与经济发展相协调,最终推动中国特色社会主义事业发展与进步。

---

① 习近平.认真学习党章 严格遵守党章 [N].人民日报,2012-11-20(001).
② 中共中央文献研究室.习近平关于社会主义生态文明建设论述摘编 [M].北京:中央文献出版社,2017:4.

　　规律是事物最本质特性的联系，我们唯有正确认识和科学把握人类社会发展规律、掌握人类社会发展规律、应用人类社会发展规律，才能科学回答"人类向何处去"这一重大的时代课题。生态文明制度理念属于社会意识，是对社会存在的客观反映。生态文明制度建设理论是中国共产党对马克思主义理论的继承与发展，为适应新时代发展的需要，形成了生态文明制度建设的重要理念。生态文明是人类文明发展的必然趋势，中国共产党人在把握人类社会发展规律基础上提出"生态兴则文明兴，生态衰则文明衰"，既是对人类文明变迁的反思总结，也是对当今世界发展的现实回应。这一重要论述深刻反映了中国共产党对人类社会发展规律、社会主义建设规律及中国共产党执政规律的科学认识和正确把握。因此，我国只有正确认识和准确把握生态文明制度建设的规律，才能进一步丰富和发展生态文明制度。

　　马克思主义是我们认识世界、改造世界的思想武器，但"马克思主义中国化理论创新，绝不是一个无主体的自发性过程，而是一个以中国共产党、党的领袖、马克思主义知识分子和马克思主义武装起来的广大人民群众为基本主体的自主创造性过程"[1]。生态文明制度建设思想是习近平生态文明思想的重要内容，是中国特色社会主义理论体系的重要组成部分。生态环境问题是工业化的时代产物，但由于生产力水平、历史条件的限制，党和国家在不同时期对生态环境问题的关注各有侧重，使得生态文明制度建设带有鲜明的时代印记。生态文明制度建设不是主观臆断的活动，它有其内在的理论逻辑，具体涉及本体论、认识论、实践论三个方面。

　　在本体论层面上，是对社会主义生态文明制度本质的审视。生态文明制度是中国特色社会主义制度体系的重要组成部分，是推进中国特色社会主义生态文明建设的关键举措。生态文明制度建设的本质是工具理性与价

---

① 金民卿.马克思主义中国化思想史论[M].北京：社会科学文献出版社，2018：470.

值理性的统一。一方面，制度问题具有鲜明的根本性、全局性、稳定性、长期性特征，生态文明制度是保障生态文明建设的基础条件；另一方面，我们通过推进生态文明制度建设，以追求人与自然的和谐共生，为人民群众提供良好的生态环境。马克思主义认为，制度是人类社会交往的产物，它的本质是一种社会关系，反映了特定时期内一个社会的价值判断和价值取向。人的本质是一切社会关系的总和。在这个意义上说，人既是构建生态文明制度的主体，又是生态文明制度执行的客体。其一，当人作为主体时，对美好生活的追求是人类永恒的目的，生态文明制度是解决生态问题的重要手段，如何构建更加科学的、合理的生态文明制度，这是人类解决生态问题的基本前提；其二，当人作为客体时，要实现生态文明制度的最大效能，既离不开对生态文明制度的严格执行，也离不开对生态环境保护义务的积极履行。

在认识论层面上，是对社会主义生态文明制度的系统性思考。生态文明制度建设涉及一个国家的经济、政治、文化、社会、科技等各个领域。党的十九届四中全会对国家制度建设和国家治理现代化的总体目标进行了谋划布局，明确了中国共产党建党 100 周年、2035 年、新中国成立 100 周年的三个阶段的"时间表"和"路线图"。我们通过不断构建生态文明制度谱系，从实现生态文明制度更加成熟、定型到更加完善、更加巩固，从更加完善、更加巩固到制度效能的最大限度发挥、社会主义制度优越性的充分体现。事实上，生态文明制度效能及制度优越性很大程度上取决于制度的整体性构建与有效转化。社会主义生态文明制度建设是一项需要长期坚持的系统工程，固根基、扬优势、补短板、强弱项是新时代生态文明制度改革、制度创新的行动路线。党的十八大以来，党和国家始终把"制度摆在更突出的位置"[1]，"完善和发展中国特色社会主义制度，推进国家治理

---

① 中共中央文献研究室.十八大以来重要文献选编（上）[M].北京：中央文献出版社，2014:20.

体系和治理能力现代化"①，努力建设人与自然和谐与共的现代化国家。

在实践论层面上，是对社会主义生态文明制度的科学实施。新时代中国特色生态文明制度建设主要包括两个方面，一是生态文明制度的科学制定，二是生态文明制度的严格执行。制度的生命力在于执行，制度的执行力是治理的关键所在。制度执行越有力，治理越有效。国家生态领域的治理体系和治理能力是我国生态文明制度体系及其执行水平的显著表征，我们需要切实把我国生态文明制度优势转化为生态治理的效能。实际上，我国国土面积广阔，但人口众多、环境容量有限、生态环境脆弱，东中西部环境差异大，尤其是新中国成立以来的快速工业化进程，导致了污染重、损失大、风险高的生态环境问题。生态文明建设是功在当代、利在千秋的大事，新时代我们把生态文明纳入"五位一体"总体布局和"四个全面"战略布局之中，从长远性、开创性、根本性的视角，科学、有序地推进我国生态文明建设。生态环境问题根源于制度问题，生态文明建设离不开相关制度的支撑。当然，我们要深刻认识到，生态文明制度建设不可能一蹴而就，而是要持之以恒、久久为功。

中国特色社会主义生态文明制度建设，是在中国特色社会主义制度框架下所进行的生态文明建设，它是属于社会主义范畴的，而不是其他什么主义的。社会主义是人与自然、人与人和谐共生的社会，是社会系统与自然系统相互适应、相互促进、共同发展的社会形态。要言之，社会主义生态文明制度建设是对生态文明建设的根本遵循和根本依据。人类社会是全面发展、全面进步的社会，但如何正确认识和科学把握人类社会发展规律，这是每一个国家或民族都需要面对的重大理论问题和实践问题。习近平总书记指出："中国特色社会主义是实践、理论、制度紧密结合的，既把

---

① 中共中央文献研究室.十八大以来重要文献选编（上）[M].北京：中央文献出版社，2014:512.

成功的实践上升为理论，又以正确的理论指导新的实践，还把实践中已见成效的方针政策及时上升为党和国家的制度。"① 由此，生态文明制度理论为生态文明制度建设提供理论指导，生态文明制度建设具体实践推动了制度理论的创新。

二、辩证统一的实践逻辑

马克思说："哲学家们只是用不同的方式解释世界，而问题在于改变世界。"② 脱离了实践的理论是空洞的理论，脱离了理论的实践是盲目的实践。理论是从实践中产生的，理论正确与否还要接受实践的检验，并在实践中得到丰富和发展；理论只有与实际紧密联系，才能发挥对实践的指导作用。制度理念具有抽象性的特点，制度形态则是具体性的表征；制度理念转化为制度形态的过程，实质上就是制度创新的过程。生态文明制度思维是在已有知识和经验的基础上形成的，但由于认识的主客观条件的复杂性，生态文明制度思维活动本身无法验证，唯有通过生态文明建设的具体实践来检验制度思维活动成果的科学性、合理性及有效性。

马克思主义认为，人类社会生活的本质就是实践。辩证唯物主义的实质就是"实践的唯物主义"，而实践有其鲜明的客观性、能动性及社会历史性等特点。生态文明建设的本质就是人们在认识世界、改造世界的实践中，走向人与自然的和谐共生的美好未来。一方面，生态文明建设是人们现实社会生活中的具体活动；另一方面，生态文明建设是人们改造世界的活动。生态环境问题是工业化的产物，归根到底是涉及生产方式和生活方式的问题。为解决生态环境问题，应对发展带来的环境挑战，人们开始反思工业文明的发展模式，重新审视和科学把握人与自然的关系，探求人类

① 习近平谈治国理政 [M].北京：外文出版社，2014:9.
② 马克思恩格斯选集（第 1 卷）[M].北京：人民出版社，2012:140.

可持续发展的可行路径。

生态文明建设是中国共产党人适应新时代发展的客观需要，积极主动寻求可持续发展的科学理念和有效路径。习近平总书记指出："我们既要绿水青山，也要金山银山。宁要绿水青山，不要金山银山，而且绿水青山就是金山银山。"①2015 年，国家出台的《关于加快推进生态文明建设的意见》，正式把"绿水青山就是金山银山"这一新发展理念写入政策文件。这一思想是新时代中国特色社会主义秉持人与自然和谐发展的理念的具体表达。事实上，"绿水青山就是金山银山"的发展理念，深刻揭示了生态文明建设与经济发展之间的辩证统一关系。

第一，既要绿水青山，也要金山银山。"绿水青山"是指良好的生态环境和优质的生态产品；"金山银山"是指经济发展以及与人民群众收入相关联的民生福祉。在这个意义上，"绿水青山"和"金山银山"的关系指向生态保护与经济发展的关系，这是对保护生态与发展经济的科学阐释。中国特色社会主义事业的现代化建设既离不开经济的发展，也离不开生态环境的保障。具体而言，一方面，我们要大力发展生产力，不断提高综合国力和人民群众的生活水平；另一方面，我们既要实现经济的发展，也要保护生态环境。换言之，"我们既要 GDP，又要绿色 GDP"②。马克思说过："只有在社会中，自然界才是人自己的人的存在的基础。只有在社会中，人的自然存在对他来说才是他的人的存在。"③实践证明，发展经济与保护生态环境并不矛盾，二者是辩证统一的关系，经济发展和环境保护都是促进人类社会发展进步的重要内容。

第二，宁要绿水青山，不要金山银山。在不同的社会发展阶段，我

---

① 中共中央宣传部. 习近平总书记系列重要讲话读本（2016 年版）[M]. 北京：学习出版社、人民出版社，2016:230.

② 习近平. 之江新语 [M]. 杭州：浙江人民出版社，2013:37.

③ 马克思恩格斯全集（第 42 卷）[M]. 北京：人民出版社，1979:122.

国的发展经济与保护生态环境各有侧重，中国共产党人始终没有忽视生态环境保护工作，而是把生态文明建设放在中国特色社会主义事业建设范畴内。事实证明，由于生态环境不具有可替代性，我们决不能以牺牲生态环境为代价来发展经济，这是中国共产党对中国特色社会主义建设规律认识的深化。在较长的一段时期内，在粗放式发展模式和唯 GDP 论的驱动下，很多地方政府片面地追求经济发展，破坏了当地的生态环境和自然资源。这种粗放式的发展，使得少数人获得利益，却损害了广大人民群众的根本利益。绿水青山是重要的生产要素，破坏了这种生产要素，实际上就是阻碍了生产力的发展。绿水青山是人类赖以生存和发展的最大根基，破坏了生态环境就是动摇了人类社会的最大基石。

第三，绿水青山就是金山银山。党的十八大以来，党和国家把生态文明建设纳入中国特色社会主义"五位一体"发展总布局，明确提出了"绿水青山就是金山银山"的科学论断。马克思主义认为，人是一切社会关系的总和，经济发展是涉及人与自然人与人、人与社会的关联。绿水青山作为自然资源，如果没有开发利用，其本身不具有明显的经济价值；一旦作用于经济发展，就会明显体现出自然资源自身的价值属性。在价值关系之中，绿水青山作为自然资源不仅具有生态价值，而且具有经济价值和社会价值。习近平总书记提出的"保护生态环境就是保护生产力，改善生态环境就是发展生产力"①，这一科学论断首次把保护生态环境纳入发展社会生产力的范畴，深刻揭示了保护生态环境与发展社会生产力的辩证关系，深刻阐明了生态文明制度与经济制度有着密切的关联。为破解经济发展与生态保护的发展"悖论"，推动经济发展与生态环境保护同步推进要以制度为基本保证。"绿水青山就是金山银山"的发展理念，是中国特色社会

---

① 中共中央文献研究室．习近平关于社会主义生态文明建设论述摘编[M].北京：中央文献出版社，2017:4.

主义首创的理论，极大地丰富和拓展了当代马克思主义和 21 世纪马克思主义。

马克思曾说："环境的改变和人的活动的一致，只能被看做是并合理地理解为变革的实践。"① 中国特色社会主义进入新时代，中国共产党始终强调生态文明制度理念在生态文明实践中的关键地位，在具体实践中，生态文明制度得到修正与补充。与此同时，在实践基础上，生态文明制度建设理论得到丰富和完善。生态文明制度建设是推进生态文明建设的根本依据和根本遵循，而生态文明制度的构建离不开生态文明制度建设理念的指导。中国特色社会主义制度理论是中国共产党把马克思主义与中国具体实践相结合的产物。新时代生态文明制度建设理论是对马克思主义理论的丰富和发展，更是指导我国推进生态文明建设的根本性举措。当然，理论与实践是辩证统一的关系，中国特色社会主义生态文明制度建设既要注重理念到理论建设发展，更要注意从制度建设达到制度创新的新阶段。

事实证明，中国在人类发展历史上曾经长期处于世界领先地位，自古就形成了一整套包括经济制度、政治制度、文化制度、社会制度、生态文明制度等各方面制度在内的制度体系，成为世界各国长期学习和效仿的榜样。而今，中国特色社会主义生态文明制度建设是新时代中国首创的重大理论和伟大实践，这一重大理论和伟大实践也是中国共产党领导中国人民不断探求、艰苦奋斗的结果。中国共产党对中国特色社会主义事业发展布局的认识和探究经历了从"两个文明"到"三位一体"，从"三位一体""四位一体"再到"五位一体"的变化，这充分体现了中国共产党治国理政能够与时俱进的伟大品质。从"两个文明"到"五位一体"，是中国共产党人重新审视和重新定位人与自然关系和开创新的发展理念、发展方式的过程，也是一个生态理论深化与具体实践创新的互动过程，更是我们

---

① 马克思恩格斯选集（第 1 卷）[M]．北京：人民出版社，2012:138．

把握人类社会发展规律和社会主义建设规律的过程。中国共产党对人与自然关系的正确认识与把握，从"历史—理论—现实"[①]三重维度上，不断推进人与自然关系理论升华和实践进展，将人与自然关系上升到人类文明的范畴，推动中国特色社会主义进入生态文明的新时代。

三、人民至上的价值逻辑

人类所指认的价值具有客观性，但价值观具有明确的主体指向。任何一种理论都是人类的智慧结晶，任何一种理论都具有一定的立场指向。马克思主义是关于全世界无产阶级争取自由解放的科学理论，它自从诞生之日起，就毫不隐讳自己的立场，即始终坚持无产阶级的立场。马克思指出："国家制度的实际体现者——人民成为国家制度的原则。"[②]恩格斯在《英国工人阶级状况》中，描写了工人阶级的悲惨境地，简陋、肮脏的居住环境，被严重污染的生存环境，工人阶级忍受着饥饿、疾病和死亡的威胁，"在这种条件下生活的人们，的确不能不下降到人类的最低阶段"[③]。事实上，"为什么人、靠什么人的问题，是检验一个政党、一个政权性质的试金石"[④]。人民立场是马克思主义的基本立场，人民立场是中国共产党始终坚持的根本政治立场，这是马克思主义政党区别于其他政党的最显著标志。中国共产党把生态文明建设纳入"五位一体"的总体布局，通过制度创新保证生态文明建设行稳致远，实现美丽中国目标，这是大势所趋、民心所向。

马克思主义认为，人民群众是历史的创造者，也是推动社会进步的根

---

① 任铃，赵荣.从"两个文明"到"五位一体"：人与自然关系的理论升华和实践进展[J].环境与可持续发展，2020（02）:35-39.
② 马克思恩格斯全集（第 1 卷）[M].北京：人民出版社，1956:315.
③ 马克思恩格斯全集（第 2 卷）[M].北京：人民出版社，1957:342.
④ 习近平谈治国理政（第 2 卷）[M].北京：外文出版社，2017:52.

本力量。马克思和恩格斯通过对资本主义的深刻批判，指明了资本主义必然走向灭亡、社会主义必然走向胜利的历史趋势。当今时代，我们依然处于马克思所指明的历史发展时期，虽然时代特征发生了一定程度的改变，资本主义社会呈现出了新的特点，但资本主义社会的固有矛盾没有发生根本性的改变，资本主义制度的本质也未发生根本性改变。一方面，资本主义经过数百年的发展，依然处于较为领先的地位，人民生活水平得到一定程度改善，社会阶级矛盾有所缓和，但人民群众的身心健康和生态环境危机日益成为资本主义社会的显性问题。而今，资本主义利用自身的先发优势，将社会矛盾转移、转嫁给了广大发展中国家，使得资本主义唯利是图的本质被隐藏；另一方面，工业革命加速了社会生产力的发展，促进了全球一体化进程，世界各国日益成为"你中有我、我中有你"的共同体。与此同时，资本主义导致了一系列重大的全球性问题，如全球范围的贫富分化、传染疾病、环境污染等，造成了不合理的国际经济政治格局。而今，资本主义虽然披上了一件"普世价值"的伪善面纱，但不可能改变广大人民被奴役、被压迫的事实，也没有改变广大发展中国家遭受不公平对待的事实。

人民立场始终是马克思主义政党——中国共产党的根本立场，也是中国特色社会主义生态文明制度建设的根本立场。习近平总书记在考察时指出："良好的生态环境是最公平的公共产品，也是最普惠的民生福祉。"[1]良好的生态环境是人类社会生活的基本条件，也是人类进行社会生产、生活的基本要素。事实证明，良好的生态环境使全体公民受益；恶化的生态环境使整个社会受损。生态环境的优劣状况，直接影响着人们的生产、生活，关乎人民群众最切身的根本利益，制约一个社会的发展水平，最终影响人类文明的发展。中国共产党领导中国人民全面建成小康社会、不断深

---

[1] 中共中央宣传部.习近平新时代中国特色社会主义思想学习纲要[M].北京：学习出版社、人民出版社，2019:170.

化改革开放和持续推进社会主义现代化建设，其根本目的就是不断解放和发展生产力，不断提高人民群众的生活水平，最终实现人的自由而全面的发展。

小康社会是中国古代对理想社会进步状态的描绘，表现了人民对生产发达、生活富裕的理想生活的无限向往和不懈追求。"小康社会"是邓小平在改革开放初期对中国经济社会全面发展提出的战略构想，是对社会主义现代化建设作出的战略部署。邓小平指出："我们要实现的四个现代化，是中国式的现代化。我们的四个现代化的概念，不是像你们那样的现代化的概念，而是'小康之家'。"[①]现时代中国特色社会主义建设的小康社会，还是"低水平的、不全面的、发展很不平衡的小康"[②]，我国不仅同世界发达国家的差距依旧很大，而且跟一些比较富裕的发展中国家相比，在某些方面仍有较大差距。党的十六大明确提出全面建设小康社会的奋斗目标，全面建设小康社会既与邓小平提出的"三步走"战略构想相衔接，也是根据中国经济社会发展新的实际，重点对分阶段实现现代化进行了崭新的论断。全面小康社会是一个经济、政治、文化、社会、生态、科技等全面发展的历史进程，全面建设小康社会包括形成节约能源资源和保护生态环境的产业结构，推动人口、资源、环境的可持续发展，树立绿色、环保、健康的消费模式。

党的十八大以后，中国特色社会主义进入新时代，以习近平同志为核心的党中央对中国特色社会主义事业发展确定了新的战略目标。这一战略目标既包括全面建成小康社会的近期目标，又包括基本实现社会主义现代化的中期目标，还包括实现中华民族伟大复兴梦的远期发展目标，基本形成新时代的"三阶段战略"。党的十八大以来，生态文明建设成为中国特

①　邓小平文选（第2卷）[M].北京：人民出版社，1994:237.

②　江泽民文选（第3卷）[M].北京：人民出版社，2006:416.

色社会主义事业的重要内容之一，生态文明建设同经济建设、政治建设、文化建设、社会建设被一道纳入"五位一体"的发展总布局。事实上，社会主义生态文明是人类文明发展的新形态，社会主义生态文明与社会主义现代化建设的关系主要体现在三个方面：一是"五位一体"总体布局凸显了生态文明建设的战略地位，表明了党和国家把生态文明建设摆在了更加突出的位置；二是"四个全面"战略布局凸显了党和国家怎样推进生态文明建设，表明了通过进一步深化改革面向深层次的体制机制问题，指认了制度建设在生态文明建设中的地位和作用；三是中华民族伟大复兴中国梦凸显了生态文明建设的历史使命，表明了生态文明建设在社会主义现代化建设总目标中的应有地位，极大地彰显了中国特色社会主义生态文明建设的美好愿景。

表3-2 "三步走"发展战略和"三阶段"战略部署对比

项目类别	经济社会发展"三步走"发展战略	经济社会发展"三阶段"战略部署	生态文明建设"三阶段"战略部署
时间跨度	1980—2050（70年）	2000—2050（约50年）	2012—2050（约40年）
主要内容	第一步，1980—1990年，国民生产总值翻一番，解决人民温饱问题	第一阶段，2000—2020年，全面建成小康社会决胜期	第一阶段，2012—2020年，坚决打赢污染防治攻坚战
	第二步，1990—2000年，国民生产总值再翻一番，人民生活达到小康水平	第二阶段，2020—2035年，在全面建成小康社会的基础上，基本实现社会主义现代化	第二阶段，2020—2035年，生态环境根本好转，美丽中国目标基本实现
	第三步，到21世纪中叶，人均国民生产总值达到世界中等发达国家水平，人民生活比较富裕，基本实现现代化	第三阶段，2035—2050年，在基本实现现代化的基础上，全面建成社会主义现代化强国	第三阶段，2035—2050年，建成富强民主文明和谐美丽的社会主义现代化强国

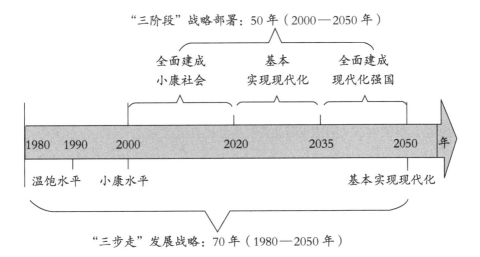

图3-1　"三步走"发展战略和"三阶段"战略部署时间

中国共产党全心全意为人民服务的根本宗旨从未改变。人民群众对美好生活的需求，就是中国共产党永恒的奋斗目标。事实上，检验党和国家一切工作的最高标准，关键在于人民群众是否真正得到了实惠，人民群众的生活质量是否真正得到了提高。立党为公、执政为民，这始终是我们党的立党之本、执政之基。中国特色社会主义已经进入新时代，我国社会的主要矛盾转变为人民日益增长的美好生活需要和不平衡不充分的发展之间的矛盾。其中，生态环境问题关系人民群众的美好幸福生活，是人民群众高度关注的问题。

中国特色社会主义进入了新时代，人民群众对环境质量和环境安全的要求越来越高，满足人民群众对良好生态环境的新期待，这是全面建成小康社会、实现中国特色社会主义现代化建设和中华民族伟大复兴的内在要求。补齐生态文明建设的短板、弱项，还人民更多的蓝天白云、绿水青山，留住更清新的空气、更清洁的水源、更干净的环境，实现生态环境总体改善和根本好转，最大限度地提高人民的幸福感、获得感、满足感，这些都离不开社会主义生态文明制度体系的保障。民心是最大的政治，也是中国共产党执政的底气。为了群众、团结群众、依靠群众，这是我们党能够始终站在时代前列、永葆青春、长期执政的根本所在。人民群众的需求是改革的原动力，制度创新是不断维护人民利益、满足人民美好需求的过程，我国社会主义制度是自下而上与自上而下的良性互动的结果。人民群众是国家的主人，生态文明建设是人民的伟大事业，要充分发挥人民群众的热情，促使生态文明建设转化为全体公民自觉行为。

社会主义现代化建设应以什么价值为导向？这是中国特色社会主义必须回应的重大问题。价值具有客观性，但价值观具有主体指向性，以谁为价值主体，就是谁的价值观念。以"全人类的环境正义"为例，"全人类"是主体层面，"环境正义"是规范层面。习近平生态文明思想是马克思主义中国化最新的成果，也是中国共产党推进生态文明建设的关键指南，它具有鲜明的价值导向和人民指向。具体而言，新时代生态文明制度建设思想所蕴含的价值导向主要体现在价值目标、价值取向两个方面。

其一，就价值目标而言，生态文明制度建设的价值目标与社会主义现代化建设的目的相一致。换言之，通过生态文明制度建设重塑公平与效率的和谐关系，从而实现生态正义，促进社会的发展进步。良好的生态环境是最公平的公共产品，也是最普惠的民生福祉。生态正义是社会主义的应有之义，实现生态正义是中国共产党人的一贯主张，也是中国特色社会主义的核心价值追求。习近平总书记指出："我们讲促进社会公平正义，就要从最广大人民根本利益出发，多从社会发展水平、从社会大局、从全体人民的角度看待和处理这个问题。"① 公平正义是社会主义的本质属性，从根本上维护人民的切身利益，这是中国特色社会主义发展的内在要求。制度是实现公平正义的根本保证，在阶级社会中，公平正义具有鲜明的阶级属性，必须建立社会主义生态文明制度，通过法律和制度，从根本上维护社

---

① 中共中央文献研究室.十八大以来重要文献选编（上）[M].北京：中央文献出版社，2014:553.

会的生态正义。中国共产党始终秉持为人民谋幸福、为民族谋复兴的"人民中心论"，这是实现人民对美好生活向往的"人民幸福论"。满足人民群众对良好环境的现实期待和对美好家园的美好憧憬是中国共产党一以贯之的奋斗目标。改善生态环境的目标决定了新时代生态文明制度建设的价值立场，这一立场必须以人民立场、人民利益作为社会主义现代化建设的出发点和落脚点。

　　其二，就价值取向而言，改善环境与实现可持续发展是生态文明制度建设思想的重要旨趣。人是自然的一部分，我们不能破坏自然，更不能违背自然规律。习近平总书记指出："人因自然而生，人与自然是一种共生关系，对自然的伤害最终会伤及人类自身。"[1]人具有两重属性：一是人处于各种社会关系之中；二是人处在更大范围的自然环境中。人本身就是自然的一部分，推动人与自然的和谐相处，事实上就是维护人类的未来。实现人与自然的和谐是人的本质所在，人的生存繁衍就是最根本的生存伦理和发展伦理，否认了自然，就是否定了"人从哪里来"的问题，更是模糊了"人类往哪里去"的问题。马克思主义认为，人的本质就是各种社会关系的总和，人所处的社会关系无时无刻都是在这样或那样的自然环境中，破坏了环境就等于损害了人们的未来。

　　概言之，"把生态文明建设放到更加突出的位置。这也是民意所在"[2]。深化对中国特色社会主义生态文明制度建设的规律性认识，"推动形成绿色发展方式和生活方式，为人民群众创造良好生产生活环境"[3]，有利于进一步丰富和完善生态文明制度体系，为实现人与自然和谐共生、建设美丽中

①　习近平谈治国理政（第2卷）[M].北京：外文出版社，2017:394.

②　中共中央文献研究室.习近平关于社会主义生态文明建设论述摘编[M].北京：中央文献出版社，2017:83.

③　习近平.推动形成绿色发展方式和生活方式为人民群众创造良好生产生活环境[N].人民日报，2017-05-28（001）.

国提供制度保障。人类社会的历史演进有其内在的规律，中国社会的发展遵循同样的内在规律。规律性是整个世界体系的重要特征，人类不能制造规律、改变规律，但人类能够认识规律、掌握规律、顺应规律以及运用规律。恩格斯指出，"整个自然界是受规律支配的，绝对排除任何外来的干涉"①，因为"自然规律是根本不能取消的"②。历史和人民选择了马克思主义和社会主义道路，在马克思主义的指导下，中国共产党领导中国人民走上社会主义道路，最终实现了民族独立、人民解放和国家富强、人民幸福。这是我们在充分认识和尊重客观规律的前提下，科学把握人类社会的发展规律、社会主义建设规律、中国共产党的执政规律的结果。

① 马克思恩格斯选集（第 3 卷）[M]. 北京：人民出版社，2012:757.

② 马克思恩格斯文集（第 10 卷）[M]. 北京：人民出版社，2009:289.

本章小结

　　生态文明制度建设是中国特色社会主义制度体系的重要组成部分和新的发展形态，也是推进中国特色社会主义生态文明建设的重中之重。新中国成立 70 多年来，我国生态文明制度经历了从无到有、从零星到体系化的历史进程。生态文明制度建设具有鲜明的中国特色、中国风格，具有鲜明的时代性指向、价值指向和人民指向。生态文明制度建设是新时代中国特色社会主义生态文明建设的重要内容，也是一个不断发展、创新的过程。但由于生产力水平、历史条件的限制，生态文明制度带有鲜明的时代印记。在辩证唯物主义和历史唯物主义的指导下，中国特色社会主义生态文明建设将不断实现理论导向和实践导向的具体统一。新时代中国特色社会主义生态文明制度建设有其鲜明的内在理路，它是历史逻辑、理论逻辑、实践逻辑与价值逻辑的有机统一。中国特色社会主义生态文明制度是马克思主义中国化的时代产物，生态文明制度建设只有进行时、没有完成时，生态文明制度建设要在新的实践中不断调整、补充、丰富和完善。

我国生态文明制度建设的基本概述

"经国序民，正其制度。"健全各项制度，是治国安邦之本。制度建设事关一个国家的稳定发展和人民福祉，制度问题具有根本性、全局性、稳定性和长期性。制度建设是一个制度制定、制度执行的实践过程，推进生态文明建设是中国共产党开辟的符合世情、国情、党情的科学发展之路。制度建设是推进生态文明建设的重中之重，也是把人民群众对美好生活环境的向往转变为现实的根本遵循。

第一节　中国特色社会主义生态文明制度建设的主要内容

制度建设是事关党和国家事业发展的关键所在。习近平总书记指出："只有实行最严格的制度、最严密的法治，才能为生态文明建设提供可靠保障。"[1] "生态文明制度"是对"制度"的限定，生态文明制度是一切有利于支持、推动和保障生态文明建设的各种准则的总和。[2] 从制度的属性来看，生态文明制度是社会主义制度的重要内容；从制度的特点来看，生

---

[1]　习近平谈治国理政（第1卷）[M].北京：外文出版社，2018:210.

[2]　夏光.再论生态文明建设的制度创新[J].环境保护，2012（23）:19-22.

态文明制度具有鲜明的"中国特色"；从制度的价值取向来看，生态文明制度始终秉持人与自然和谐共生的价值取向。依据生态治理功能、生态治理主体、生态治理过程的不同，可将生态文明制度具体划分为不同的制度体系。

一、基于治理功能的生态文明制度建设

生态文明制度是推进生态文明建设的根本保证，生态文明建设的成效基本上取决于生态文明制度的科学供给。好的制度能够促进社会的发展，坏的制度势必阻碍社会的发展。生态文明制度不是单一的制度，而是一个复杂的制度体系。依据生态文明制度的不同功能，我国生态文明制度可划分为强制性制度、选择性制度、引导性制度。

（一）强制性生态文明制度

1. 强制性生态文明制度的内涵

强制性制度主要是指借助法律或政府的强制能力保障实施的制度。强制性制度的本质是"命令—控制"式的刚性约束，任何个人或单位都必须无条件地服从、执行。一方面，强制性制度的优势在于具有其他制度无可比拟的权威性，有利于提高制度变迁和制度执行的效率；另一方面，强制性的生态文明制度也存在破坏性大、风险高、抑制创新等问题。强制性生态文明制度是"带有强制性的法律法规和规章制度"[①]，它能够从根源上对生态环境问题进行规范。强制性生态文明制度是党和政府为推进生态文明建设而设立的带有强制性约束和限制的、必须无条件遵守和执行的各项制度。例如，国土资源空间开发保护制度、生态红线保护制度都属于强制性生态文明制度。

---

① 沈满洪，等. 生态文明制度建设研究 [M]. 北京：中国环境出版社，2017:131.

2. 强制性生态文明制度的特征

一是党和政府是生态文明建设的绝对主体。由于生态产品具有鲜明的非营利性、非竞争性，因此只能由党和政府主导，无法由非政府部门提供。二是法律或政府命令是生态文明建设的根本保障。强制性的生态文明建设，主要是党和政府通过制定法律法规或者发布命令来达到生态环境保护和自然资源合理开发的预期目标，难以用市场化的经济手段来实现。三是制度的严格执行是保证生态文明建设的重要手段。生态文明建设涉及我们生产、生活的方方面面，必须用最严格的制度、最严密的法治保证生态文明建设。但制度的生命力在于执行，强制性生态文明制度一经颁布实施，就必须不折不扣、无条件地执行。

3. 强制性生态文明制度的构成

强制性生态文明制度可以划分为自然资源制度、环境资源制度、气候资源制度三个类别。

第一，自然资源制度。自然资源又称天然资源，具体包括土地、矿产、生物、水资源等。一方面，由于天然的地理位置所限，自然资源在地理分布上并不均衡；另一方面，自然资源的总体数量是有限的，很多自然资源具有不可再生性。因此，必须进行保护和合理开发利用，实现人类的可持续发展。具体而言，自然资源制度包括自然资源产权制度、耕地资源保护制度等，其目的是加强保护和合理利用自然资源这种公共产品。

第二，环境资源制度。环境资源制度是指为保护环境而制定的相关制度，常以环境法规、经济奖惩、目标考核等形式表现出来。有学者认为："最严格的环境保护制度可以是环境保护制度中最严格的一类制度，也可以是一些环境保护制度中严格的规定。"① 我国环境资源制度包括总量控制、

① 葛察忠，等.建立中国最严格的环境保护制度的思考 [J]. 中国人口·资源与环境，2014（S2）:99-102.

环境标准制度、生态红线制度、环境问责制度等。例如，党的十八届三中全会明确"生态红线"这一概念，以维护国家生态安全和可持续发展。

第三，气候资源制度。气候资源是人类赖以生存和发展的重要自然资源，它对我们生产、生活影响巨大。2007年，我国出台《中国应对气候变化国家方案》，向全世界郑重承诺我国将如期完成碳减排任务。具体而言，我国气候资源管理制度主要包括碳权制度、碳排放控制制度、超排放惩罚制度等。例如，2011年我国出台了《"十二五"控制温室气体排放工作方案》等政策文件。

（二）选择性生态文明制度

1.选择性生态文明制度的内涵

生态文明建设的选择性制度是指政府主要通过经济刺激的方法，促使企业通过权衡"投入—产出"比进行优化选择，从而实现保护生态环境的目的。选择性生态文明制度主要是通过市场手段、市场机制激励或约束市场主体，达到保护环境和合理使用资源的目的。选择性生态文明制度往往没有明确市场主体的责任与行为，而是构建一个可供企业选择的制度环境，促使企业基于自身发展和承担社会责任的考虑进行选择，从而实现经济发展与保护环境的"双赢""多赢"目的。选择性生态文明制度是对强制性生态文明制度的必要补充和有益拓展。选择性制度是以成本—收益比较为基础的经济激励的政策手段，利用一整套经济政策，使之通过趋利避害和优化选择实现生态文明建设的目标。[①]例如，碳排放交易制度、环境税费制度、排污权制度等。选择性生态文明制度是人们在发展经济的同时，探索出来的一种积极进步的重要制度，有助于实现社会的公平正义。

2.选择性生态文明制度的特征

一是政府通过市场化手段，让企业对自身利益进行调整，发挥市场这

---

① 沈满洪.生态文明制度的构建和优化选择[J].环境经济，2012（12）:18-22.

一手段来推动绿色生产力的发展，从而实现推动生态文明建设的目的；二是在社会主义市场经济条件下，企业根据自身发展的特点、状况，既能实现自身的发展，又能保护生态环境，即实现经济效益、社会效益的统一。选择性生态文明制度是世界各国通用的做法，发达国家和发展中国家坚持共同但有区别的责任，充分利用多样化的、更有效的政策举措，最大限度地保护地球环境。

3. 选择性生态文明制度的构成

生态文明建设的选择性制度本质上是一种以成本—收益为基础的经济刺激手段。选择性生态文明制度主要包括生态文明产权制度和生态文明财税制度两大类制度。事实上，生态环境问题归根到底是选择什么样的经济发展方式的问题，通过选择形成既能发展经济又不损害生态环境的方法，以推动经济社会的全面发展进步。

第一，生态文明财税制度。财税制度是党和国家调节国民收入分配和配置资源的主要手段之一，对我国生态文明建设具有重要的调控作用。生态文明财税制度指的是与生态文明建设相关的财政收入制度和财政支出制度。良好的生态产品是一种公共产品，个人或某一企业无法独立承担建设的重担，往往需要国家财政的支持。同时，财税制度也能够支持、激励个人或企业参与生态文明建设。具体而言，一方面，国家通过征收与生态环境相关的资源税、消费税、土地增值税等，促进资源节约型、环境友好型社会的建设；另一方面，国家税收通过生态补偿、低碳补贴、循环补贴等方式，助力企业发展节能环保产业、开发节能技术，实现调整产业结构、节约自然资源和保护生态环境的目的。

第二，生态文明产权制度。生态文明产权制度是生态文明制度建设的重要组成部分，生态文明产权制度建设要形成以自然、环境和气候资源的产权总量控制为前提，以初始产权的界定和分配为基础，以产权交易机制为手段，以产权价格机制为核心，以产权保护制度为保障的产权制度和实现机制。例如，国家"十三五"规划中通过推进和开展自然、环境和气候资源的初始产权界定，发挥市场在资源配置中的决定性作用，运用生态文明产权价格机制，促进我国的生态文明建设。

（三）引导性生态文明制度

1. 引导性生态文明制度的内涵

引导性生态文明制度是指人类发展要遵循人—自然—社会协调发展的客观规律，以政府的倡导和呼吁为主要手段的相关制度。在我国，引导性生态文明制度指党和政府通过对人们进行道德教育使之具有生态理念、生态行为，如环境教育制度、环境自治制度等。引导性制度是基于个体或单位自发遵守生态文明建设的基本原则而建立起来的一种非正式的制度，它更强调道德自律和自我觉悟，而不是依靠法定的责任和义务。引导性制度既是一种客观制度的内化过程，也是一个民族文化传承的内在过程。引导性生态文明建设制度表现为人们对保护生态环境的强烈责任感。

2. 引导性生态文明制度的特征

不同于统一的强制性生态文明制度和选择性生态文明制度，引导性生态文明制度是政府正确引领生态文明建设的方向，是能从根本上提高居民保护生态环境的思想意识和道德素养的制度。引导性生态文明制度具有三方面的特征：一是主体的意识性，党和国家通过相关政策在生态文明建设过程中作为引导和服务的手段，培育和强化人们关于保护生态环境的意识；二是方式的多样性，引导性生态文明制度往往通过宣传以风俗习俗、伦理道德为主题的社会精神影响人们的价值取向，进而约束人们的行为；三是非强制性，引导性生态文明制度是推进我国生态文明制度建设不可或缺的重要内容，也是对强制性制度、选择性制度的必要补充。

3. 引导性生态文明制度的构成

引导性生态文明制度主要是对人与自然、人与人、人与社会之间的关系进行非强制性的调整，以实现热爱自然、敬畏自然、保护自然的结果。①
引导性生态文明制度具体包括环境宣传教育制度、环境保护公共参与制度、环境公益文化引领制度、生活垃圾分类制度等。生态环境问题是一个显性的社会问题，是社会全体成员生存和发展都面临的共同性问题。事实上，生态文明建设是民生之要，生态文明制度建设也必须紧紧依靠人民、服务人民。例如，2018 年生态环境部等五部门联合发布《公民生态环境行为规范》，倡导公众参与生态文明建设，旨在强化人们的生态环境意识和行为准则，引导公众成为我国生态文明的重要参与者、建设者。

强制性生态文明制度、选择性生态文明制度和引导性生态文明制度都是我国生态文明制度的重要组成部分，为生态文明建设提供制度基础。当然，新时代中国特色社会主义生态文明建设，离不开各类制度的共同作用。强制性、选择性及引导性生态文明制度之间具有很强的互补性，这种制度之间的互补性意味着制度之间只有相互配合、共同实施，才能最大程度地发挥制度的效能。因此，强制性生态文明制度、选择性生态文明制度及引导性生态文明制度的耦合性好与不好，直接影响着生态文明建设的效果。事实上，没有完美的、面面俱到的制度，单独应用某种生态文明制度的情况并不常见，更多的情况是多种生态文明制度组合共同作用。

二、基于治理主体的生态文明制度建设

党的十八届五中全会提出，要构建政府、企业、公众多元共治的生态治理体系，形成一个以国家为主导、市场与社会共同参与生态治理的良好局面。构建多元生态治理体系，推动我国生态文明建设和生态环境保护从认识到实践发生重大变化，为开启社会主义现代化建设新征程、建设美丽中国奠定良好的制度基础。

---

① 沈满洪，等.生态文明制度建设研究 [M].北京：中国环境出版社，2017:599.

第一，科学的政府监管制度。生态产品是一种外部性极强的公共产品，政府是公共产品最主要的供给主体。政府是制定公共政策的主体，生态文明建设是事关国计民生的根本性问题之一，政府必然是生态文明建设和生态文明制度制定最重要的主体。政府应立足社会发展的实际适时出台环境督察制度、资源环境监管联动机制、生态文明考核制度等，有力推动我国生态文明建设。

第二，成熟的市场运作制度。生态资源是重要的资源要素，在市场经济条件下，市场对资源的配置起决定作用，必须建立资源环境使用权交易制度、绿色产业与金融制度、市场标准化建设制度等制度，促进生态文明建设。例如，国家通过 PPP 开发模式，即运用政府、社会资本合作的模式，推进森林资源保护、污水处理等。

第三，构建多元的公共参与制度。良好的生态环境，人人都会受益；恶化的生态环境，人人都将遭殃。因此，每个人都不是生态文明的旁观者，每个人都是生态文明的参与者、生态文明制度的执行者。这就需要建立健全公众参与制度、生态文明宣传教育机制。例如，生活垃圾分类管理制度、阶梯水价制度、环境保护宣传和普及制度等。

三、基于治理过程的生态文明制度建设

生态文明建设是关乎国家兴旺、社会发展、人民福祉的根本大计。生态文明体制改革是全面深化改革的重要领域，党的十八届三中全会首次明确要构建生态文明制度体系，依据生态文明建设"源头严防、过程严管、后果严惩"[①] 的基本思路，指明了中国特色社会主义生态文明制度体系的构建过程、改革方向、重点任务。2015 年，国家印发的《生态文明体制改革

---

① 中共中央文献研究室.习近平关于社会主义生态文明建设论述摘编[M].北京：中央文献出版社，2017:26.

总体方案》，明确要求加快建立生态文明制度体系，提升生态文明体制改革的系统性、整体性、协同性，进一步推进我国生态文明事业。

第一，建立源头严防的生态文明制度体系。推进中国特色生态文明建设，源头预防和治理是根本之策。具体而言，一是健全自然资源资产产权制度，有利于自然资源的确权登记、明确产权、资产管理；二是建立国土空间开发保护制度，完善主体功能区、明确国土空间管制、完善自然资源监管体制等；三是建立空间规划体系，编制空间规划，坚持一张蓝图绘到底；四是完善资源总量管理和全面节约制度，完善最严格的耕地保护制度，完善最严格的水、森林、草原、湿地管理制度等。

第二，建立过程严管的生态文明制度体系。生态文明建设过程严管是关键。具体而言，一是实行资源有偿使用制度，加快自然资源及其产品价格改革，建立自然资源的有偿使用制度，完善生态修复和生态补偿制度；二是建立健全环境治理体系，完善污染物排放许可制度，建立污染防治区域联动机制，完善环境保护管理制度；三是健全环境治理和生态保护市场体系，培育环境治理和生态保护的市场主体，推行用能权和碳排放权交易制度，推行排污权交易制度，建立统一的绿色产品供给体系。

第三，建立后果严惩的生态文明制度体系。具体而言，一是对党政领导干部实行自然资源资产离任审计，依法界定领导干部履行自然资源管理的责任；二是实行生态环境损害责任终身追究制，对领导干部离任后出现重大生态环境损害并认定其需要承担责任的，实行终身追责；三是严格落实环境刑事责任追究机制，对环境造成极其严重的危害的，要追究其刑事责任，尤其是需要加大突发环境事件的刑事责任追究力度；四是严格执行国家环境保护督察制度，压实各级部门生态环境保护责任；五是建立健全环境民事责任追究机制，引导公众遵守相关法律法规的同时，严格执行生态文明相关制度。

第二节 中国特色社会主义生态文明制度
建设的显著特征

制度作为处理社会关系的系统性规范，是人类文明进步的必然结果。制度属于上层建筑，在阶级社会中是统治阶级意志的直接体现，也是统治阶级治国理政的根本手段。国家制度决定着国家治理的方向、道路及前途，国家治理的一切活动都是依据国家制度而展开。一个国家的制度建设及其国家治理能力，有其内在的价值取向，明确了由谁确立、为谁服务、发展方向，从根本上决定着国家治理的趋势和走向。中国特色社会主义生态文明制度是一个新制度，更是一个好制度。中国特色社会主义生态文明制度是建设人与自然和谐与共现代化的基石，开创了发展中国家走向现代化的新途径，为广大的发展中国家生态治理现代化提供了全新的选择。

一、中国生态文明制度致力于全球生态文明建设的新优势

当今世界，发达国家利用自身的先发优势，对发展中国家进行生态危机转移和生态资源掠夺的情况，我们称之为"生态帝国主义"。生态马克思主义的主要代表人戴维·佩珀（David Pepper）和约翰·贝拉米·福斯特（John Bellamy Foster）对"生态帝国主义"进行了系统论述。事实上，发达国家往往利用先进的技术优势、资金优势、人才优势，在全球化分工中占据有利位置，对广大发展中国家进行不对等的资源交换、污染物的转移，通过构筑与环境相关的贸易壁垒，让发展中国家处于两难境地。一方面，发展中国家需要资金、技术，以谋求本国经济社会的发展，却遭受到发达国家对本国资源的掠夺；另一方面，发展中国家为了保护本国的环境和自然资源，必然降低经济社会发展的速度，导致与发达国家之间的差距

进一步增大。列宁在《帝国主义是资本主义的最高阶段》中揭示了帝国主义产生的实质：帝国主义是从资本主义社会经济结构向更高级的结构的过渡。[①] 从本质上来看，"生态帝国主义"是发达国家对发展中国家进行的生态扩张，是帝国主义与生态问题相结合的产物，是新时期帝国主义进行殖民扩张的新形态。

当今世界正面临百年未有之大变局，我们需要从世界发展的趋势来看待中国的发展和世界的发展问题、发展中国家和发达国家的发展问题。生态环境危机是世界各国面临的共同难题，需要全人类团结协作、携手共进。事实上，生态危机是工业文明的产物，发达国家和发展中国家在环境问题上的历史责任存在明显差异，其中，发达国家作为全球生态危机的始作俑者，本应积极主动承担更多的国际责任，并为广大发展中国家提供资金、技术等方面的帮助。1992 年，联合国制定的《联合国气候变化框架公约》中明确了世界各国应对气候变化应秉持"共同但有区别的责任原则"。其中，"共同"指的是发达国家和发展中都有共同的责任和义务应对和解决生态危机，面对生态危机，任何国家都不可能置身事外；"区别"指的是发达国家经历了"先污染、后治理"的发展过程，生态危机主要是由于发达国家历史的累积造成的，发达国家对全球性的生态危机具有不可推卸的责任，需要承担比发展中国家更多或更主要的责任。发达国家和发展中国家处于不同的历史发展阶段，在解决生态环境问题的能力上也存在显著差异。发达国家拥有更强的经济实力和更高的技术水平：一方面，发达国家能够利用自身的优势，积极解决自身面临的生态环境问题，理应承担更多的责任；另一方面，发达国家也需要为广大发展中国家提供额外的资金、最新的技术，以帮助发展中国家应对环境危机和解决环境问题。当然，发展中国家也需要积极主动承担与其能力相当的责任，坚持绿色发展理念，

[①]　列宁选集（第 2 卷）[M].北京：人民出版社，2012：683.

走可持续发展之路，为建设美丽地球家园贡献力所能及的力量。

应对全球性生态危机不仅是一个国家主观的意愿问题，更是一个国家客观的能力问题。美国作为当今世界头号经济强国、技术强国及人才强国，却公然退出《巴黎协定》，拒绝履行生态保护责任。与之相反，中国作为世界上最大的发展中国家，积极捍卫联合国权威，不仅积极主动履行与国家能力相匹配的责任，而且主动加强与发展中国家之间的合作，为之提供资金、技术、人才等多方面的支持，帮助广大发展中国家应对生态环境问题。中国倡导人类命运共同体的理念，真正践行"共同但有区别的责任"，努力构建国际政治经济新秩序，致力于建设全球生态文明。

联合国发布的《2030 年可持续发展议程》是全人类发展的共同愿景，是世界各国人民达成的一份契约，是造福人类的地球家园的一份行动清单，是谋求全人类社会发展的一幅蓝图。中国积极落实联合国《2030 年可持续发展议程》，例如，2016 年中国发布了《中国落实 2030 可持续发展议程国别方案》。与此同时，中国积极开展与"一带一路"沿线国家在生态环保领域的合作，打造休戚与共的人类命运共同体。保护全人类的地球家园，世界各国谁都不能置身事外。中国作为负责任的发展中大国，通过构建中国特色社会主义生态文明制度，在积极推进本国生态文明建设的同时，与其他国家一道致力于建设全球生态文明，正成为全球生态治理的重要参与者、贡献者、引领者。

二、中国生态文明制度为发展中国家生态治理贡献新方案

"人类不能再忽视大自然一次又一次的警告，沿着只讲索取不讲投入、只讲发展不讲保护、只讲利用不讲修复的老路走下去。"[1]1991 年，在北京

---

[1] 习近平.在第七十五届联合国大会一般性辩论上的讲话[N].人民日报，2020 -09- 23（003）.

举行的发展中国家环境与发展部长级会议发布的《北京宣言》明确指出"发达国家对全球环境的恶化负有主要责任"①，它指认了发达国家需要对生态危机承担主要责任，进一步阐述了面对生态危机发展中国家处于不利的境地。

中国特色社会主义的巨大成功，彰显了中国制度的时代进步性、科学合理性。改革开放以来，中国共产党历经艰苦探索，终于找到了实现中华民族伟大复兴的社会主义道路，创造了中国经济快速发展和社会长期稳定的"两大奇迹"。实践证明，只有发展社会生产力，才能从根本上解决社会矛盾；只有发展社会生产力，才能满足人民群众对美好生活的向往。推进中国特色社会主义生态文明建设，实现人与自然和谐的现代化，中国的影响将是世界性的。中国作为负责任的发展中大国，为各国生态治理提供经验借鉴，为世界生态环境改善作出更大贡献。巴西圣保罗州立大学路易斯·保利诺教授指出："我相信许多发展中国家期待看到中国的发展，中国发展的成果不仅是中国人民的骄傲，同时也有利于世界变得更加公正、各国发展更加均衡。"②中国把"人—自然—社会—国家—世界"看成一个完整的有机统一体，积极倡导各国共建人类生态命运共同体，着力于共同体的创新动力，激发生态领域的理论、制度、科技等创新，破解全球生态资源瓶颈制约。

应对全球性的生态环境危机，"人类需要一场自我革命，加快形成绿色发展方式和生活方式，建设生态文明和美丽地球"③。中国发展的成功之路，摆脱了西方语境中现代化建设的单线演进过程，后发国家不必按照资本主

①　发展中国家环境与发展部长级会议《北京宣言》[J].中国人口·资源与环境，1991（02）:81-84.

②　韩硕，等.根植社会土壤　凝聚发展共识——国际人士高度评价中国政治制度建设[N].人民日报，2016-03-04（003）.

③　习近平.在第七十五届联合国大会一般性辩论上的讲话[N].人民日报，2020-9-23（001）.

义先发国家的路径也能实现自己的现代化的建设。中国与"一带一路"沿线国家积极开展生态环保领域的合作，积极促进这些国家的生态环保事业发展，推动沿线国家转型升级、跨越传统发展路径，推动沿线国家实现绿色发展。事实上，"中国正在创造一种其他国家可以效仿的新模式，许多发展中国家也正在考虑采取这种模式"①。中国特色社会主义制度的巨大成功，开辟了现代化建设的新方向，宣告了"现代化＝西方化"论断的狭隘，向世界宣告了"走自己的路"才是真正的"康庄大道"。

中国作为负责任的发展中国家，在建设中国特色社会主义文明的同时，主动与世界分享在生态治理方面的成功经验，支持其他发展中国家的生态治理行动，给全球生态文明建设贡献了智慧和力量，印证了中国发展与世界发展的高度一致性。当然，不同于西方资本主义国家，中国提出"一带一路"倡议，以全世界人民的利益为出发点和立足点，关照全世界最广大人民的利益。"一带一路"开启了一个新的时代、一种与以往完全不同的合作模式，因为"中国的'一带一路'倡议是更受欢迎的经济全球化模式。"② 构建人类命运共同体是中国为处理和解决国际事务提供的科学的、先进的世界观和方法论，也是为全人类生存和发展提供的一种更加科学合理的新思路和新方案。

三、中国生态文明制度对资本主义生态文明建设的新超越

制度优势是一个国家最大的核心竞争力，也是一个国家根本优势所在。中国特色社会主义制度体系是党和人民在长期的探索中形成的制度体系，为实现国家富强、民族振兴和人民幸福提供制度保障。实际上，中国

---

① （意）洛蕾塔·拿波里奥尼，袁鲁霞，静平．为何中国共产党比我们资本主义国家经营得好 [J]．红旗文稿，2012（18）：37-38.

② 王帆．全球治理的中国智慧与中国方案 [N]．光明日报，2018-01-30（006）.

特色社会主义的"前半程"已经建立了社会主义基本制度体系,"后半程"就是在改革的基础上,努力构建一整套更完备、更成熟、更管用的制度体系。建设中国特色社会主义生态制度文明,坚定社会主义制度自信,是中国特色社会主义事业发展的关键所在。

　　生态文明是人类发展的一个新阶段,是一种人与自然和谐的文明新形态。资本主义制度建立在生产资料私有制基础上,资本逐利的本性决定了资本主义在本质上是反生态的。与之相反,基于生产资料公有制的社会主义制度与生态文明建设具有天然的内在一致性。生态文明制度是新时代中国特色社会主义制度体系的重要组成部分,既是中国人民意志的重要体现,也是中国共产党治国理政的重要手段之一。党的十八大以来,我国生态文明建设取得显著成就,根本在于我们有坚强的领导、坚定的立场、正确的方向、科学的制度。坚持中国共产党的坚强领导,构建起全面、完整的中国特色社会主义科学制度体系,既是党和国家事业发展的根本所在,又是推进生态制度建设和推进生态治理的关键所在,更是全国各族人民的美好幸福所在。生态文明制度是生态治理的前提,建设中国特色社会主义生态文明,关乎中华民族千年发展大计,需要不断改革和完善生态文明制度体系,持续不断地把我国社会主义的生态制度优势转化为国家生态治理的效能,实现人与自然和谐与共的现代化。

　　社会主义社会是一个人与和谐与共的社会、全面进步的社会。人与自然的关系是马克思主义自然辩证思想的重要问题之一,是中国特色社会主义建设必须正确处理的基本关系之一。社会主义的发展是追求人与自然和谐的发展,人与自然和谐既是中国特色社会主义事业发展的目的,又是中国特色社会主义事业发展的手段。用制度保证生态文明建设体现在两个方面:一方面,中国共产党始终坚持社会主义生态文明建设,始终坚持科学社会主义基本原则,始终坚持走社会主义道路;另一方面,在不同历史时期,生态文明制度建设各有侧重,根据时代条件赋予其鲜明的中国使命,进一步丰富和发展社会主义生态文明使其成为世界生态文明建设的新标杆。目前，中国特色社会主义现代化建设面临诸多生态环境问题，要达到人与自然和谐的目的，离不开全面深化改革，需要最严明的制度、最严密的法治支撑生态文明建设。生态文明制度的创新和发展是人与自然和谐与共的重要保障，也是建设中国特色社会主义生态文明的重要内容。

习近平总书记指出："一个国家实行什么样的主义，关键要看这个主义能否解决这个国家面临的历史性课题。"[①] 中国是一个历史悠久的文明古国，"文明社会"必然包括良好的人居环境和社会的生态发展。尊重自然、热爱自然的生态文化，是绵延五千多年中华文明的重要内容之一。这种崇尚自然、热爱自然的风尚离不开具体实践。社会主义生态文明是人类社会发展的必由之路，中国特色社会主义生态文明制度的形成、丰富、创新有其内在的强大生命力。中国共产党领导中国人民努力实现美丽中国梦，把生态文明制度建设摆在更加突出的位置，科学把握社会主义制度建设的规律，永葆中国特色社会主义生态文明建设的制度活力。中国共产党是马克思主义的政党，也是世界上第一个把生态文明建设纳入国家长远发展战略的执政党。中国共产党领导中国人民在生态治理方面取得举世瞩目成就，也是对世界生态文明进程的伟大贡献。

独特的制度优势为实现美丽中国梦提供了制度支撑。中国梦催生新制度，制度成就中国梦。美丽中国梦归根到底是中国人民的梦，人民才是中国梦的拥有者、实现者。中国梦的基本内涵是国家富强、民族振兴、人民幸福，中国梦的实现离不开发达的社会生产力，而社会主义的本质就是解放生产力、发展生产力。新中国成立以来，特别是改革开放以来，中国共产党适时总结经验教训，不断艰辛探索，创造了一个又一个伟大胜利，创造了举世瞩目的"中国奇迹"。中国共产党领导中国人民开创的"中国奇

---

① 习近平.关于坚持和发展中国特色社会主义的几个问题[J].求是,2019(07):4-12.

迹"为中国特色社会主义制度自信奠定了坚实基础。一方面，美丽中国梦的社会主义属性决定了追逐梦想要选择中国特色社会主义生态文明制度作为支撑，中国制度的性质决定了实现中国梦的目标与方向；另一方面，美丽中国梦具有鲜明的民族特点、时代特点，它必须扎根于中国大地，紧密联系中国实际，走中国特色社会主义道路。要言之，中国特色社会主义生态文明制度体系是实现美丽中国梦的制度保障。

制度的发展总是伴随着社会进步和人的发展，制度的变迁过程与社会进步过程、人的发展过程是同一个过程的不同方面，就像"'社会'和'个人'并不代表两个事物，而只表示同一事物的个体方面和集体方面"[1]。制度建设是推进国家治理现代化的根本支撑，我们需要满足人民群众对美好生活的制度需要，推动中国特色社会主义制度不断自我完善和发展、永葆生机活力。为人民谋幸福、为民族谋复兴是中国共产党长期执政的出发点和落脚点。马克思指出："人们奋斗所争取的一切，都同他们的利益有关。"[2] 正是根本利益上的本质差别，使得不同阶级和群体对共同价值思想的理解和实践有所不同。中国特色社会主义道路、理论、制度及文化是由无产阶级政党——中国共产党领导开拓的。党的十八大以来，党和国家不断推进中国特色社会主义生态文明制度建设，通过巩固根基、补齐短板、增强弱项，不断将生态文明制度优势更好地转化为国家生态治理效能，奋力争取早日实现美丽中国的目标。事实胜于雄辩，"中国之治"与"西方之乱"形成鲜明对比，根本在于坚持走社会主义道路和坚持中国共产党的领导，保证了从根本上维护人民群众的利益，彰显了社会主义对资本主义的显著优越性。

---

① （美）查尔斯·霍顿·库利.人类本性与社会秩序[M].包一凡，王源，译.北京：华夏出版社，1989:23.
② 马克思恩格斯全集（第1卷）[M].北京：人民出版社，1956:82.

第三节 中国特色社会主义生态文明制度
建设的重要成效

习近平总书记指出："综观世界近现代史，凡是顺利实现现代化的国家，没有一个不是较好解决了法治和人治问题的。"[①] 制度建设是我国社会主义事业取得成功的根本保证，也是我国社会主义事业走向未来的根本保障。新中国成立 70 多年来，我国生态文明制度建设取得丰硕成果，经历了从无到有、从不完善到逐渐走向完善的发展过程。社会主义制度的优越性体现在社会发展的速度上、质量上、生态环境上，中国特色社会主义的发展决不以牺牲环境为代价去换取一时的经济增长，决不走"先污染后治理"的老路、旧路。[②] 换言之，建设中国特色社会主义生态文明，实现人与自然和谐共生的现代化，归根结底离不开生态文明制度的支撑。

一、生态文明制度不断完善

新中国成立 70 多年来，党和国家高度重视生态文明制度建设，在防治生态环境污染、解决生态环境破坏、节约资源等实践方面，形成了以《中华人民共和国宪法》为基础，以《中华人民共和国环境保护法》为主体，以《生态文明体制改革总体方案》为抓手的一整套生态文明法律和制度体系。由此，实现了用制度保障生态文明建设，进一步改善和提高我国生态环境质量。

其一，自上而下与自下而上相结合，在中央和地方两个层面不断完

---

① 中共中央文献研究室. 习近平关于全面依法治国论述摘编 [M]. 北京：中央文献出版社，2015:12.
② 李军. 走向生态文明新时代的科学指南 [N]. 人民日报，2014-04-23（007）.

善法律。一是在国家层面，从宪法到环境法，再到国家出台的"大气十条""水十条""土壤十条"等各类专项行动计划，在社会主义事业发展过程中逐步构建完善的生态环境监管法律体系。在生态环境保护立法之外，国家通过出台产业政策保护生态环境。例如，国家发布产业结构调整指导目录，对企业节能环保项目给予税收减免、奖励政策等。二是在地方层面，在国家推进生态文明建设的推动下，地方在环境保护的地方性法规制定、自然保护区的建设等方面取得了丰硕的成果。例如，《贵州省生态文明建设促进条例》《江西省生态文明建设促进条例》《福建省生态文明建设促进条例》等一系列地方性的法律法规。

其二，生态文明"四梁八柱"制度逐步筑牢。中国特色社会主义生态文明制度体系主要包括法律制度、政策制度、管理制度三个方面。一是法律制度。在法律上对生态文明建设的相关内容予以明确的规定，确保我国社会主义生态文明建设有法可依，这类法律包括国家的根本大法《中华人民共和国宪法》、生态文明建设的基本法《中华人民共和国环境保护法》，以及生态文明建设的各类单行法、各级人大制定的环境保护法规等。二是政策制度。党和政府针对生态文明建设颁布相关政策文件，这类政策文件多以意见、办法、方案、规定等形式颁布。例如，2015 年国务院印发的《关于加快推进生态文明建设的意见》和《生态文明体制改革总体方案》。三是管理制度。通过成立专门的职能机构促进生态文明建设。例如，改革开放以来，国家相继成立了国务院环境保护委员会、国家环境保护局、国家生态环境部等中央层面的环境保护机构。

党的十八大以来，在宏观层面上，我国通过全面深化改革，加快推进生态文明顶层设计和制度体系建设，相继出台《关于加快推进生态文明建设的意见》《生态文明体制改革总体方案》等政策文件，制定了一系列涉及生态文明建设的改革方案，对生态文明建设进行全面、系统的部署安排，加快建立系统、完整的生态文明制度体系；在微观层面上，国家制定和出台了《生态环境损害赔偿制度改革方案》《关于全面推行林长制的意见》等一系列关于生态文明建设的具体制度，对生态文明建设提供了具体、规范的指引。

二、生态环境质量稳步改善

习近平总书记指出："良好的生态环境是人类生存与健康的基础。"[①] 良好的生态环境既是一个社会最公平的公共产品，也是一个社会最普惠的民生福祉。优良的生态环境既是进行社会生产的基本要素，也是保障人民群众生活的基本条件。良好的生态环境，全体公民都将受益；恶化的生态环境，整个社会都将受损。事实证明，党的十八大以来我国的生态环境持续好转，人们的生活环境持续向好。

第一，天蓝了。自2013年国务院出台"大气十条"以来，我国大气污染治理效果初步显现，空气质量形势总体向好。2019年全国337个地级及以上城市，全年空气质量优良天数占比超过80%，PM2.5（细微颗粒）保持在良好范围内，绝大多数城市全年环境空气质量达标。[②] 例如，2019年北京市PM2.5浓度年均为42微克/立方米（75微克/立方米以下为良好），全年空气质量优良天数超过240天。全国生态环境质量总体改善，环境空气质量改善成果进一步巩固。

第二，水清了。党的十八大以来，国家强化源头控制，对江河湖海实施分流域、分区域、分阶段的科学治理，强化污染源头控制，出台重点流域水污染防治规划，实施水污染专项行动，取得显著成效。《2019年全国生态环境质量简况》显示，336个地级及以上城市的902个在用集中式生

---

① 中共中央文献研究室.习近平关于社会主义生态文明建设论述摘编[M].北京：中央文献出版社，2017：90.

② 中华人民共和国中央人民政府门户网站.生态环境部公布2019年全国生态环境质量简况[EB/OL].http://www.gov.cn/xinwen/2020-05/08/content_5509650.htm

活饮用水抽检水源断面，全年达标率达到 92%。此外，我国通过出台海洋生态文明建设的具体方案、修订《中华人民共和国海洋环境保护法》，推进我国海洋生态文明制度建设，取得显著成效。例如，2019 年管辖海域一类水质海域面积占 97%。[①]

第三，山绿了。森林覆盖率是反映一个国家或地区森林资源和林地占有的实际水平的重要指标。新中国成立 70 多年来，为了提高我国的森林覆盖率、保护生态环境，国家先后实施了"三北"防护林工程、沿海防护林工程、长江流域防护林工程、退耕还林工程等一系列重大造林工程。数据显示，我国森林覆盖率从新中国成立之初的 8% 左右到改革开放初期的 12%，再到 2019 年末的接近 23%，我国成为全球森林资源增长最多的国家。

第四，环境美了。新时代的社会主要矛盾发生改变，人民群众从追求物质文化需要到对美好生活的向往，体现了人民群众的需求由"量"的增长到"质"的飞跃。一方面，城镇人居环境持续改善。例如，我国人均公园绿地面积由 1981 年末的 1.5 平方米增长至 2018 年的 14.1 平方米，满足了城镇居民对休闲生活的需要。另一方面，农村环境问题得到整体改善。2019 年国家公布的数据显示，"生活垃圾收运处置体系覆盖 84% 以上的行政村，近 30% 的农户生活污水得到管控"[②]。伴随国家乡村振兴、美丽乡村建设的进一步推进，农村地区人居环境将得到显著改善。

三、经济社会转向高质量发展

经济、社会和生态环境是一个彼此依赖、相互促进的有机统一体。发

① 中华人民共和国中央人民政府门户网站.生态环境部公布 2019 年全国生态环境质量简况 [EB/OL].http://www.gov.cn/xinwen/2020-05/08/content_5509650.htm

② 农业农村部.农村卫生厕所普及率超过 60%.（新华网）[EB/OL].http://www.xinhuanet.com/2019-12/26/c_1210412030.htm

展经济是为了更好地满足人民群众的物质需求，保护生态环境是为了能够享受干净的水、新鲜的空气、优美的环境。在这个意义上说，推进我国经济发展和生态文明建设的最终目的是一致的。新时代党和国家提出新发展理念，实现经济社会的高质量发展。高质量发展不是指经济领域单方面的发展，而是对经济社会方方面面发展的总要求。

生态文明建设与经济发展相辅相成。脱离生态文明建设的经济发展就是竭泽而渔，建设生态文明也不是罔顾经济发展的缘木求鱼。推进社会主义现代化建设，我们"要大力保护生态环境，实现跨越发展和生态环境协同共进"。[①] 发展经济与保护生态环境并不矛盾，二者是辩证统一的关系，因为经济发展和环境保护都是人类社会发展的重要内容。社会主义的发展是追求人与自然和谐的发展，人与自然和谐，既是中国特色社会主义发展的目的，又是中国特色社会主义发展的手段。新中国成立 70 多年来，尤其是改革开放 40 多年来，我国经济社会发展取得了举世瞩目的伟大成就。在新发展理念的指引下，我国绿色发展已走在世界前列。

其一，农业实现绿色高质量发展。我国基本健全了资源节约利用制度、农业投入品减量制度、畜禽粪污资源化利用制度，完善了以绿色为导向的农业补贴制度、农业生态补偿机制等制度。我国在浙江、海南、安徽等地区积极开展生态循环农业示范建设，创建了农村绿色发展先行示范区，各地开展农业污染综合治理成效显著。

其二，能源发展取得历史性成就。中国坚定不移推进能源革命，基本形成了多轮驱动的能源供应体系，以能源消费年均 3% 的增长支撑了国民经济年均 7% 的增长。我国建立了较完备的水电、核电、风电、太阳能发电等清洁能源装备制造产业链，清洁能源占能源消费总量的比重接近四分

---

① 中共中央文献研究室. 习近平关于社会主义生态文明建设论述摘编 [M]. 北京：中央文献出版社，2017:24.

之一，水电、风电、太阳能发电累计装机规模均位居世界第一。

其三，节能激励政策体系基本形成。国家建立健全了建筑节能标准，积极开展超低能耗建筑的示范，全面推动既有居住建筑节能的改造，切实加强可再生能源建筑的应用效率。截至2019年底，我国"累计建成节能建筑面积198亿平方米，占城镇既有建筑面积比例超过56%"[①]。同时，国家积极实施阶梯电价、阶梯气价、环保电价等政策措施，调动市场主体和城乡居民节能的主动性、积极性。

其四，全方位加强能源国际合作。目前，中国已成为国际可再生能源署成员国、国际能源宪章签约观察国、国际能源署联盟国等。从2016年起，"中国在发展中国家启动10个低碳示范区、100个减缓和适应气候变化项目和1000个应对气候变化培训名额的合作项目"[②]，帮助发展中国家积极应对全球气候变化。中国与全球100多个国家、地区开展广泛的能源、产能、技术、标准等领域合作。

[①] 中华人民共和国国务院新闻办公室.新时代的中国能源发展[EB/OL].http://www.scio.gov.cn/zfbps/32832/Document/1695117/1695117.htm

[②] 同上。

第四节 中国特色社会主义生态文明制度 建设面临的挑战

制度创新是全面深化改革的根本举措，是中国特色社会主义事业的关键环节，更是中国特色社会主义生态文明建设的重要内容。新中国成立70多年来，我国生态环境监管机构建设和监管能力等方面取得长足进步，生态文明制度建设取得巨大成就，但尚未形成系统完备、科学规范、运行有效的制度体系。制度建设是一个庞大的有机体系，中国特色社会主义生态文明制度建设，既要构建更加成熟定型的生态文明制度，也要实现"五位一体"制度的良好耦合，还要增强各项制度的执行力度及监督力度，更需要妥善处理与国际环保公约的对接与履行。

一、"五位一体"总体布局的制度耦合问题

恩格斯指出："我们所面对着的整个自然界形成一个体系，即各种物质相互联系的总体。"[①] 社会主义是人与自然、人与社会和谐共生的社会，是自然系统和社会系统的有机体，其中社会系统是包含经济、政治、文化、生态等相互作用、相互影响而成的社会形态。生态文明建设的逻辑起点是工业文明所带来的资源环境问题及其与经济建设、政治建设、文化建设、社会建设高度关联性的问题。生态文明制度建设涉及经济、政治、文化和社会建设四个维度，这四个维度相互联系、彼此制约，从而构成了"五位一体"的发展总格局。

加强生态文明建设和生态环境保护，一方面，它既是经济问题，又

---

① 马克思恩格斯全集（第20卷）[M].北京：人民出版社，1971:409.

是社会问题，更是政治问题；另一方面，它既涉及生态文明建设的理论构建，又涉及生态文明建设的具体实践。生态环境就是生产力，生态问题的本质乃是经济发展方式的问题。在生态文明制度与经济制度同步改革发展中完善中国特色社会主义制度，积极践行绿色发展新理念，在尊重自然规律的基础上，实现经济社会高质量发展。我们积极倡导绿色发展方式和生活方式，既是生态文明制度建设的重要内容，也是经济制度、政治制度、文化制度、社会制度建设的重大任务。

社会主义能够集中力量办大事，通过更好地发挥党和政府作用，动用全社会的资源到最需要的地方，用制度形成资源优势、力量优势，从而实现预期发展目标。中国特色社会主义制度建设包括不同层级、不同类型的制度构成的体系，不同制度之间也是相互作用、相互影响，某一具体制度效能的体现也需要其他制度的支持。在这个意义上说，某一制度的具体效能，是各项制度相互支持所形成的合力。

制度耦合是各项制度系统协调一致、合力优化的状态。只有实现各项制度的良好耦合，才能最大限度地发挥制度的整体功能。生态文明制度是中国特色社会主义制度中最为重要的制度之一，生态文明制度建设融合于中国特色社会主义经济、政治、文化、社会等制度建设之中，构成一种综合性的制度建设。因此，我们既要注重生态文明制度创新和生态文明制度建设的问题，也要注重具体制度之间的整体性、系统性和协同性的问题，还要关注在经济社会发展的各领域和全过程中形成的有机衔接和相互配套的问题。

二、生态文明制度内在子系统的协同问题

生态文明制度建设是我国社会主义生态文明建设的关键所在。目前，中国特色社会主义生态文明建设处于持续探索阶段，生态文明制度建设尚

待逐步完善。从生态文明制度总体上来看，我国生态文明制度尚不完善、制度结构不平衡、体制不健全。

（一）我国生态文明制度尚不完善

第一，从生态文明制度的制定来看，不够全面科学。生态文明建设是一项极其复杂系统工程，生态文明制度建设同样是一项系统性工程。一方面，中国特色社会主义生态文明制度建设是"摸着石头过河"，没有可照搬的成熟经验。生态文明制度涉及经济社会的各个方面，如何保证生态文明制度能够有效解决生态问题、促进社会发展？生态文明制度要以维护全人类的根本利益为前提，这本身极具挑战性；另一方面，我国面临的生态环境问题极为复杂。气候问题、能源短缺、土地沙漠化、垃圾成灾等问题交织存在，各地区面临的生态环境问题有所不同，需要因地制宜、因城施策。生态文明制度是一种规范与规则，而制度建设本身具有一定的遵循标准。我国生态文明制度建设还在不断探索阶段，我们所制定的相关制度是否符合客观实际，是否真实反映了人类发展的需求尚待进一步验证，还需要接受实践的检验。

第二，从生态文明制度的内容来看，制度建设内容还不够丰富。生态文明制度是一个多层次的制度体系，生态文明制度所包含的内容非常广泛，例如生态文明战略规划、生态文明法律、生态文明政策、生态文明体制机制等。生态文明相关的"规划""法律""政策"与制度体系所含内容仍有明显差距，尚需进一步拓展完善。我国生态文明制度建设还处于发展阶段，已有生态文明制度所含内容不够完善，使得相关制度所反映的内涵有待进一步拓展。由于受到对客观规律认识的局限，我们对生态文明制度建设内容认识不够深刻，探索还处于表面。生态文明相关法律和政策也有不足，生态文明补偿机制刚刚开始建立，仍然处于初步探索阶段；生态修复的标准尚未确立，生态系统保护法、生态系统修复法规尚未成体系。因此，从我国生态文明制度的内容来讲，未能达到客观所需的丰富程度。

第三，从生态文明制度的体系来看，尚未建立完备的制度体系。马克思在《哥达纲领批判》中指出："权利永远也不能超出社会的经济结构以及由经济结构所制约的社会的文化发展。"① 意为人们对事物的认识受制于客观环境对自身的制约，由于客观条件的限制，人们对事物的认识具有一定的局限性。事实上，我们能够从静态和动态两个视角来认识和理解生态文明制度。一是从静态上看，生态文明制度是一个多维度、多系统、结构严密的复杂体系。生态文明制度体系包含诸多子系统，有的子系统较为完整，它就能发挥较好的功能作用；有的子系统并不完整，它发挥的功能作用则会弱一点。例如，我国实行最严格的耕地保护制度，严格确保 18 亿亩耕地数量和质量得到较好的执行，但自然资源管理制度的落实较为粗糙，自然资源审批和用途监管执行较差。二是从动态上看，生态文明制度建设是一个为适应我国经济、政治、文化、社会发展的客观需要，适应生态文明建设的需要而不断创新的过程。生态环境问题归根到底是发展的问题，经济发展是一个社会发展的基石，经济发展不是对自然环境资源的掠夺，保护生态环境也不是舍弃经济发展的缘木求鱼，而是坚持在保护中发展、在发展中保护，实现人口、资源、环境的协调发展。

（二）我国生态文明制度结构不平衡

党的十八大以来，国家通过供给侧改革，在生态环境领域要实现更高水平、更高质量、更高效益的发展，需要进一步实现更平衡更充分的发展。当前，我国生态文明制度结构和十八大以前相比虽有优化，但生态文明制度仍存在结构不合理、结构畸轻畸重的失衡问题。从生态文明制度内部结构来看，生态文明建设规划、生态文明法律、生态文明政策、生态文明体制等方面各有发展，但发展速度并不相同，有的内容发展相对较快，有的内容发展相对较慢。改革开放 40 多年来，我国共制定实施了 60 余部

---

① 马克思恩格斯全集（第 19 卷）[M]. 北京：人民出版社，1963:22.

生态环保法律法规①，但由于生态文明法律、生态文明政策内部发展速度同样并不同一，我国制定的生态文明法律制度在一定程度上存在相关配套法规、执行标准缺失问题。例如，我国虽创建了生态补偿制度，但对如何确定生态补偿的范围、标准、方式，生态补偿的效益评估，生态补偿的拨款额度，生态补偿费用的管理监督等方面缺乏更为详细的规定，这些问题直接影响生态文明补偿制度的效能。

从生态文明监督主体的角度来看，存在监督主体结构失衡的问题。我国生态文明监督机制中，政府是最主要的主体，企业、公众及第三方组织的力量较弱。仅仅依托政府，我们无法将生态环境保护和监管工作做到位，因此，需要市场、企业、公众和社会组织的共同参与。一方面，需要发挥政府的主导作用，在做好生态环境常态化监督的同时，及时总结和分析自身监督的弱点和不足之处，尽可能实施及时、有效、全面的生态环境监督；另一方面，政府需要制定环境保护和监督的原则、方式、路径，让社会各方积极参与，以企业、公众及第三方组织弥补政府的短板和不足，从而形成多元共治的生态环境监管体系。

（三）我国生态文明体制不健全

一般而言，体制是指制度形之于外的具体表现和实施形式。任何事物的发展都是从不成熟走向成熟、从不完善走向完善。我国生态文明建设处于进一步推进阶段，生态文明体制尚不健全，还处于探索阶段。

生态文明体制主要涉及政府、企业、市场及公众等主体。我国生态文明体制已初步建立，但各部分发展并不一致，协同水平尚待提升与优化。一是政府层面。政府是生态文明建设的最重要的主体，它在生态文明体制中发挥的作用大、时间久，但也存在一些问题。由于地理位置、经济发展水平不同，不同地区之间差异决定了生态文明体制并不完善。例如，

---

① 多部法律确保政府生态环境责任落地不再难 [N].法制日报，2019-08-02（006）.

部分地方政府管理错位、监管不够，尤其是在跨区域的生态环境保护与环境污染治理上，各地政府统筹协调较差，一些偏远地区对生态环境建设关注低、投入少，导致生态文明建设滞后。二是企业层面。由于在时间和空间上的区别，使得企业对生态文明建设的作用差异较大。一方面是时间上的差异，伴随着改革开放，企业职能由单一转向多元，企业承担社会责任，更加注重生态文明建设。但由于企业职能转变的时间不同，不同企业之间的生态文明建设成效就显得参差不齐；另一方面是空间上的差异，如东部沿海地区的企业更加关注保护生态环境，中西部地区企业的环保意识较差。三是社会层面。社会主义市场机制引入生态文明建设领域远落后于西方发达国家。例如，碳排放交易市场发展缓慢，尚未形成真正意义上的市场化交易机制，现有的交易往往是政府主导下的交易。四是公众参与层面。长期以来，公众参与生态文明建设意识不够，缺乏公共参与的制度支撑，现有规定不能很好地保障公众参与的可持续性和有效性。

三、生态文明制度的有效执行及监督问题

新中国成立以来，特别是改革开放后，我国经济社会飞速发展，人民生活水平显著提高，但由于粗放式的发展导致生态环境恶化，环境污染日渐严重。为此，国家把保护环境上升为一项基本国策，并将生态文明建设纳入法制化轨道。事实上，制度制定固然重要，但制度执行更为重要。

长期以来，国家针对生态文明建设制定了一系列法律法规，出台了一系列政策，但各地政府始终紧盯 GDP，往往弱化对自然环境的保护力度。在一定程度上，生态环境保护、环境污染治理和生态安全相关制度的制度虽然逐步得到了落实，但在具体实践中未能得到及时、有效的执行。例如，我国的生态环境监察制度，从横向来看，环境监察职能分散于同级别的各政府部门，往往存在一定的相互推诿的情况；从纵向来看，上级政府

与下级政府之间在生态环境保护与环境监管上存在一定程度的分歧，上级政府要求下一级政府做好生态环境保护工作，但下级政府由于种种原因往往执行不到位。事实上，地方环境部门更多是听命于所属政府，下级部门更多地应付上级生态环境部门的督察，导致中央或者上级生态环境部门制定的监管方案、专项行动往往难以执行到位。

在过去很长一段时间内，GDP 往往是公职人员晋升的核心考核指标，而生态环境考核得不到足够的重视。同时，缺乏事权和财权导致了上级部门对地方相关部门的监管乏力，激励与约束机制的缺失导致无法调动地方部门的监管积极性。生态环境问题涉及水、大气、土壤等多方面，环境治理需要生态环境、农业、水利等多部门的协同配合。在具体实践中，多部门的配合导致了环境问题处置效率低下，且各部门之间缺乏有效的沟通协调机制。①因此，如何提高生态文明制度的执行力，切实加强对制度执行的监督，建立健全问责机制，让生态文明制度优势转化为治理效能，这成为推进美丽中国目标能否如期实现的关键所在。

四、国际环保公约的国内适用与履行问题

当今世界正经历百年未有之大变局，全球治理体系和国际秩序变革加速推进，国际性的权力和未来秩序主导权成为不同国家、不同地区之间竞争的重要内容之一。国际法或国际公约是不同国家在其相互交往中形成的，也是调整国家之间关系的具有法律约束力的原则、规则和制度的总称。应对全球气候变化危机，世界各国需要抓紧谋划未来全球环境治理体制。由于单边保护主义日渐抬头，《联合气候变化框架公约》及其《巴黎协定》等重大国际关系和国际机制受到了不同程度的冲击，全球治理面临重

---

① 韩超，刘鑫颖，王海.规制官员激励与行为偏好——独立性缺失下环境规制失效新解 [J].管理世界，2016（02）:82-94.

大挑战。全球治理依赖于国际法或国际公约。《巴黎协定》是联合国通过的具有法律约束力的气候协议，是世界各国为应对气候变化行动作出的制度性安排面，坚持"共同但有区别的责任"和"各自能力"的基本原则。

实现永续发展是全人类共同追求的目标。中国和美国分别是世界上最大的发展中国家和发达国家，两个国家对人类可持续发展理念截然相反。中国作为最大的发展中国家，顺应世界发展潮流，不断深化可持续发展的认知，积极践行可持续发展理念，结合本国基本国情，以推动本国可持续发展。2018 年 3 月，我国倡导的"构建新型国际关系"和"构建人类命运共同体"被写入联合国决议；人类命运共同体理念已写入"中非""中俄""上合组织"等多边双边文件，亟待通过具体国际规则体现和落实，使其真正落地生根。与之相反，美国一味地推卸责任，甚至退出《巴黎协定》，推崇美国利益至上，忽视他国尤其是广大发展中国家的诉求和利益。

国际司法机构被国家视为公平正义的化身，在国际法的解释与适用中发挥重要作用，一直是各国博弈的重要阵地，例如，国际法庭在处理或解决国家间涉海争端时，出现了较为严重的"扩权和滥权"问题。《联合国防治荒漠化公约》由缔约国会议决定，旨在防止全球土地退化，但在具体实施时往往超出所规定的适用范围。近年来，由于人类污染过度排放、过度捕捞、滥采资源等不合理的行为，海洋生态问题日渐严重。《联合国海洋法公约》作为全球海洋治理的纲领性文件，明确规定了国家管辖范围以内的海底资源开发、海域管辖、岛礁归属等问题。但为了维护本国利益，目前仍有多个国家没有签署该公约，澳大利亚等国家在签署后又选择退出。

本章小结

　　制度是对社会关系的系统性规范，是人类文明进步的产物。人类面临的发展危机根源于"制度危机"，人类文明建设的关键是制度建设；生态环境危机根源于"制度危机"，生态文明建设的关键是制度体系建设。中国特色社会主义生态文明建设是强制性生态文明制度、选择性生态文明及引导性生态文明制度共同作用的结果。中国特色社会主义生态文明制度是人类制度文明的新创造，具有鲜明的中国气派、民族风格、时代特色。生态文明制度建设不是静止的、一成不变的，而是一个适时变动的、不断发展的过程。新中国成立 70 多年来，我国生态文明制度建设取得丰硕成果，具体包括生态文明制度不断健全和完善，生态环境质量稳步改善，经济社会转向高质量发展。新时代中国特色社会主义生态文明建设面临内在的制度性问题与外在的制度性问题，我们亟待不断构建系统完备、成熟定型、运行高效的生态文明制度体系，努力建设人与自然和谐的现代化的国家。

第五章

我国生态文明制度建设的显著优势、基本经验及现实意义

制度优势是一个国家的最大优势，制度竞争是国家间最根本的竞争。中国特色社会主义生态文明制度是当代中国生态文明建设和环保事业发展进步的根本保障。新时代"我们要建设的现代化是人与自然和谐共生的现代化"，这种"现代化"不是复制西方的"肯定版"，而是立足中国的发展实际、融入东方智慧的"中国版"。中国共产党始终把为人类作出更大的贡献作为自己的使命，不断把生态文明的制度优势转化为治理效能，实现从"中国之制"到"中国之治"，努力实现美丽中国的目标，这既是党和国家事业发展的新要求，又是坚持和发展中国特色社会主义制度的新任务，更是中国为全人类文明发展做出的新贡献。

第一节　中国特色社会主义生态文明制度建设的显著优势

习近平总书记指出："从上世纪三十年代开始，一些西方国家相继发生多起环境公害事件，损失巨大，震惊世界，引发了人们对资本主义发展模式的深刻反思。"[1]生态环境危机是表象，"制度危机"是根源。事实证明，

---

[1]　中共中央党史和文献研究院.十九大以来重要文献选编（上）[M].北京：中央文献出版社，2019:449.

资本主义制度是产生全球生态危机的根因。只有在社会主义条件下，生态文明建设才能真正实现，因为社会主义为实现人与自然和谐提供了根本性的制度基础。中国特色社会主义生态文明制度建设具有两种属性。具体而言，一是生态文明制度建设是社会主义的基本原则。二是生态文明制度建设是理论与实践相互作用的结果。中国特色社会主义生态文明制度是一个日渐成熟的制度体系，在理论维度和实践维度上都具有显著的优势。生态文明制度是我国社会主义现代化建设的重大理论创新和实践创新，具有鲜明的中国气派、民族风格、时代特色。

一、生态文明制度理念的先进性

生态文明制度建设离不开科学理论的指导，中国特色社会主义生态文明制度建设是以马克思主义为根本指导。"社会主义制度优越性在实践上就有一个从'应然'到'实然'转变的问题，在理论上就有一个从'自由'到'必然'飞跃的问题。"①中国特色社会主义的优越性在理论上体现了科学性、真理性。

（一）马克思主义制度理念的科学性

历史和实践证明，马克思主义没有过时，马克思主义也不会过时。恩格斯说过："马克思的整个世界观不是教义，而是方法。它提供的不是现成的教条，而是进一步研究的出发点和供这种研究使用的方法。"②马克思和恩格斯从历史唯物主义和辩证唯物主义的视角，揭示了人与自然的辩证统一关系。马克思主义认为，人的本质是一切社会关系的总和，这里的社会关系具体包括人与自然、人与人、人与社会的关系。具体而言，一方面，

① 齐卫平.论制度比较意义上的社会主义优势——邓小平关于社会主义制度优势的思想析论[J].毛泽东思想研究，2010（03）:131-134.

② 马克思恩格斯选集（第4卷）[M].北京:人民出版社，2012:664.

人首先是自然人，人是大自然的一部分，人的自然属性决定了人类无法脱自然而独立存在；另一方面，人是社会的人，人们总是处于某个历史发展阶段，人们总是受到所处历史时期社会形态的制约，社会形态具体表现为不同的社会制度。

"共同体"思想是马克思主义的一个重要的研究范畴，且具有多重涵义，它既是一种"生活共同体"，又是一种"生产共同体"，更是一种"生命共同体"。实际上，人们"所处的自然环境的变化，促使他们自己的需要、能力、劳动资料和劳动方式趋于多样化"①。在工业社会中，人类实践活动使得人与自然的关系发生了"分化"，但这种"分化"不等于"分裂"或"不容"，而应是人类通过认识自然和改造自然，努力保持人与自然和谐与共的状态。在不同的历史时期，受自然条件、社会制度及价值观等因素的影响，人类与自然的关系一度呈现出一种对抗与分裂的状态。马克思指出："资本主义生产一方面神奇地发展了社会的生产力，但是另一方面，也表现出它同自己所产生的社会生产力本身是不相容的。它的历史今后只是对抗、危机、冲突和灾难的历史。"②在资本主义社会中，在资本驱动下，自然界走向了人类的对立面，人与自然关系呈现出一种"异化"的状态。

事实上，生态环境问题的产生及加剧导致人与自然关系发生转变，而资本主义制度是生态危机产生的根源。资本主义由于自身固有的内在矛盾，资本主义的社会化大生产无视或掩盖了对自然的破坏问题。换言之，由于资本的利益驱动而无视自然，导致了人与自然关系的"异化"。如何破解工业文明带来的人与自然相"异化"的难题，实现人与自然和谐与共，这成为当代马克思主义和 21 世纪马克思主义的重要研究议题。只有正确认识人与自然的辩证统一关系，人类才能更好地认识世界、改造世

---

① 马克思恩格斯全集（第 44 卷）[M]. 北京：人民出版社，2001:587.
② 马克思恩格斯全集（第 25 卷）[M]. 北京：人民出版社，2001:471.

界。构建人与自然的和谐关系，需要从根本上改变人与自然相"异化"的困境，建立新的适应绿色生产方式和生活方式的社会制度。马克思主义认为，只有通过社会制度的根本性变革，建立共产主义社会，才能从根本上铲除人与自然对抗的弊端，真正实现人与自然、人与人矛盾关系的和解。

（二）习近平生态文明制度思想的科学性

马克思指出："一切划时代的体系的真正的内容都是由于产生这些体系的那个时期的需要而形成起来的。"[①] 中国特色社会主义是一个庞大的体系，是社会主义道路、社会主义理论、社会主义制度、社会主义文化的有机统一体。生态文明是人类文明发展的新形态，社会主义生态文明代表了人类发展的最终方向和根本归宿。生态文明是关乎民族永续发展的根本大计，生态文明建设离不开制度和法治的重要支撑，推进生态文明制度建设离不开科学理论的指导。

习近平生态文明思想是习近平新时代中国特色社会主义思想的重要组成部分，是马克思主义中国化最新的理论成果，是全党和全国人民推进美丽中国建设的行动指南。习近平的生态文明制度建设思想是"关于生态文明制度建设的本质、价值功能以及与中国特色社会主义制度体系的关系等方面的基本观点"[②]，这是习近平生态文明思想的重要内容和有机组成部分。习近平总书记主张的"生命共同体"理念包括两个维度，一是人与自然的维度。人与自然是生命共同体，人类必须尊重自然、顺应自然、保护自然，我们需要保护地球家园，从而实现人与自然和谐共生。二是人与人、人与社会的维度。自然资源是有限的，对资源的需求导致了不同国家之间的矛盾冲突，各个国家和民族都生活在地球上，越来越成为一个同呼吸共命运的整体。习近平总书记指出："我们要加强生态文明制度建设，实行最

---

① 马克思恩格斯全集（第3卷）[M].北京：人民出版社，1960:544.

② 方世南.习近平生态文明制度建设观研究[J].唯实，2019（03）:24-28.

严格的生态环境保护制度。"① 生态文明建设是中国特色社会主义事业"五位一体"总体布局和"四个全面"战略布局的重要内容，推进国家生态领域治理体系和治理能力现代化离不开生态文明制度体系的保障。

二、生态文明制度结构的稳定性

制度能够管根本、管长远。稳定性是制度本身的固有特性和内在属性，中国特色社会主义生态文明制度体系的稳定性是事关美丽中国建设的成败和中华民族能否永续发展的根本问题。中国特色社会主义生态文明制度作为一个庞大系统，其基本要素、基本结构、基本功能充分展现了很好的稳定性，这是推动国家生态文明治理体系和治理能力现代化的基石。

（一）生态文明制度基本要素的稳定性

生态文明制度建设是深化生态文明体制改革的重点，也是推进生态文明建设的关键。党的十八届三中全会明确指出："紧紧围绕建设美丽中国深化生态文明体制改革，加快建立生态文明制度。"② 深化生态文明体制改革的过程，就是不断建立和健全生态文明制度体系的过程。

制度建设是推进我国生态文明建设的关键所在，构建生态文明制度是党和国家积极推动的结果。首先，人民是国家的主人，决策制度就是人民行使自己的权利，决定如何推进生态文明建设。其次，破解经济发展与生态环境保护的矛盾，将生态环境纳入整个经济社会发展的评价体系，实现绿色发展和可持续发展，这本身蕴含着持久稳定性。再次，党和政府是生态文明建设的主导，建立和完善生态文明管理制度，推动构建强制性的生态制度、选择性的生态制度、引导性的生态制度相统一的制度体系，实现政府、企业、公众协同共建的良好格局。最后，生态文明建设是党和政

---

① 习近平.在庆祝改革开放 40 周年大会上的讲话 [M].北京：人民出版社，2018:30.
② 中共中央关于全面深化改革若干重大问题的决定 [N].人民日报，2013-11-16(001).

府对人民的郑重承诺，检验生态文明建设的成效，离不开长效的考核监督机制。

生态文明建设既是一项巨大的社会工程，也是一项深得人心的民心工程。中国特色社会主义进入新时代，我们既要推动国家的平稳健康发展，也要满足人民对美好生活的需要。因此，我们唯有正确把握新时代的历史方位，科学推进生态文明建设，在进一步巩固现有成果的基础上，才能把握好新时代制度建设的各项基本要素。我们通过构建更加全面、系统、稳定的制度体系，推动国家生态文明建设领域的治理体系和治理能力现代化，实现人与自然和谐与共的现代化。

（二）生态文明制度基本结构的稳定性

中国特色社会主义制度体系基于马克思主义基本理论和中国具体实践相结合，形成了根本制度、基本制度、重要制度衔接配套的"四梁八柱"。生态文明制度是中国特色社会主义制度体系的重要组成部分，是生态文明领域国家治理体系和治理能力现代化的重要体现。目前，中国特色社会主义生态文明制度体系日渐成熟，主要体现在生态文明制度基本结构的稳定性上。

首先，生态文明制度是依据马克思主义理论而建构的。马克思在《政治经济学批判〈序言〉》中指出："物质生活的生产方式制约着整个社会生活、政治生活和精神生活的过程。"① 生态文明制度涉及人类生活的各领域及全过程，生态文明制度体系作为社会运转体系的重要内容之一，能够保障社会主义生态文明建设有据可依、有章可循。

其次，生态文明制度是由一系列具体的制度系统构成的。制度体系是各种规范制度的概述统称，生态文明制度体系由"法规""意见""规划""命令"等组成，生态文明制度包括的各项具体制度，本身就具有很

---

① 马克思恩格斯文集（第 2 卷）[M].北京：人民出版社，2009:591.

强的科学性、开放性、稳定性。例如，我国经济社会发展的各种规划，规划本身就是较长一段时间内的规范指引和任务要求，不同时期的规划相互衔接，具有很好的延续性。生态文明制度建设就是有计划的、规范的科学活动，能够保证我们一件事情接着一件干，达到预期目标后，再制定新的发展目标，以此循环往复。

再次，生态文明制度是中国共产党领导中国人民长期实践的成果。实践是检验真理的唯一标准，经得起人民和历史的评判。生态文明制度体系是中国共产党领导中国人民经过长期实践所得，也是中国共产党对人类社会发展规律、社会主义建设规律、党的执政规律的正确把握。中国共产党是深受人民拥护的党，是中国特色社会主义长期的执政党。在中国共产党的统一领导下，不断构建更加系统完备的生态文明制度体系，为我国生态文明建设提供更加科学、系统的制度保证。

（三）生态文明制度基本功能的稳定性

制度具有多重功能和作用，它既具有规范约束的作用，又具有促进资源合理配置的作用，更具有社会保障的功能。生态文明制度体系是有关生态环境保护和资源合理利用的一系列制度的总和，它具有促进生产力发展、推进人的全面发展、维护社会和谐的三大功能。

首先，促进生产力的解放和发展。社会生产力发展水平是衡量一个社会发展进步与否的根本标准。社会主义的本质就是解放生产力和发展生产力，生产力发展水平决定着党和国家事业发展兴旺、人民幸福安康的水平。构建生态文明制度体系，就是在尊重自然规律的基础上，实现绿色、低碳、可持续的发展。绿色是生命的本色，也是人类的底色，新时代只有发展人与自然和谐的绿色 GDP，才能实现中华民族的永续发展。走生态文明发展之路，建设中国特色社会主义生态文明，既符合中国人民的切身利益，也符合全人类的根本利益。

其次，推进人的全面解放和全面发展。不断满足人的生存和发展需要是人类社会一以贯之的追求，也是中国共产党一切工作的出发点和落脚点。人是现实生活中的人，生存和发展是人的基本需要，正如马克思指出的："我们首先应当确定一切人类生存的第一个前提，也就是一切历史的第一个前提，这个前提是：人们为了能够'创造历史'，必须能够生活。"① 事实上，生态文明制度体系是从根本上维护人基本生存条件和发展条件的制度体系，用制度保护生态环境与推动人的全面发展相一致。

再次，保持社会长期的和谐与稳定。制度能够管根本、顾长远，生态文明制度的本质就是维护人类赖以生存和发展的绿色家园。自然环境是人类得以栖身的关键，保护生态环境就是保护我们自己；破坏生态环境，实质上就是损害我们自身的利益。干净的空气、清洁的水源、蔚蓝的天空、优美的环境，这是人民所追求和向往的。一旦破坏了自然生态环境，我们将遭受自然的报复，甚至有亡国灭族的风险。党的十八大以来，我们开展污水治理攻坚战、蓝天保卫战、环境保护持久战，就是站在人类社会发展的角度算总账、算长远账，推动人与自然、人与人、人与社会的和谐相处，共建共绘绿水青山的美丽画卷。

三、生态文明制度建设的有效性

中国共产领导中国人民经过革命、建设、改革的长期伟大实践，形成的中国特色社会主义国家制度和法律制度"是一套行得通、真管用、有效率的制度体系"②。生态文明制度是科学的制度体系，是新时代中国特色社会主义事业的伟大创举。

---

① 马克思恩格斯文集（第 1 卷）[M].北京：人民出版社，2009:531.
② 习近平.坚持、完善和发展中国特色社会主义国家制度与法律制度 [J].求是，2019（23）:4-8.

（一）改善生态环境就是发展生产力

中国特色社会主义生态文明建设的目的是实现人与自然的和谐发展，它既不是一味地追求回到原始社会的自然状态，也不是沿着工业文明谋求利益最大化的发展之路，而是遵循自然规律和利用自然规律，以环境承载力为基础，实现经济社会绿色低碳、可持续的发展。马克思主义认为，社会生产力不仅包括劳动者及其创造力，还包括外在的自然资源、自然环境。环境就是生产力，良好的生态环境为生产力发展提供了优质的生产要素。习近平总书记指出："纵观世界发展史，保护生态环境就是保护生产力，改善生态环境就是发展生产力。"[①]生产力是人们顺应自然、改造社会的能力，但在过去很长的一段时间内，我们对发展的本质认识不足，把发展简单地等同于 GDP 的增长，未能认识到良好的生态环境也是社会发展的重要组成部分。

生产力发展水平是衡量一个社会发展的根本标准。我们践行"绿水青山就是金山银山"的发展理念，就是要实现产业生态化和生态产业化的绿色发展。保护生态环境与发展生产力不是一种非此即彼的对立关系，而是相互促进、相互协调的关系。具体而言，一方面，生产力的发展无法离开生态环境而独立存在，生产环境是重要的生产要素，生产环境直接关系生产力的具体运行和最终效能；另一方面，通过利用优良的环境，发展生物资源开发、生态旅游产业、环境产业等，促使生态优势转化为最终的经济优势。

（二）满足人民对美好生活的向往

对美好生活的追求是人类永恒的目标。美好生活是不是抽象的、虚幻的，而是具体的、现实的，它是同一定的社会形态或社会制度紧密联系在

---

① 中共中央文献研究室.习近平关于社会主义生态文明建设论述摘编[M].北京：中央文献出版社，2017:4.

一起的。人们追求美好生活的过程，就是不断构建更加科学、更加完善的社会制度的过程。党的十八大以来，我们把生态文明纳入中国特色社会主义事业"五位一体"总体布局和"四个全面"战略布局，并把生态文明建设摆到更加突出的位置。党的十九大明确提出，在本世纪中叶把我国建设成为富强民主文明和谐美丽的社会主义现代化强国，明确了生态文明建设的时间表、路线图。

绿色是生态文明的底色，绿色代表着生机、幸福、希望。生态环境是一个国家综合竞争力的重要组成部分，也是人民基本生存条件和生活质量的保障。事实上，环境就是民生，民生就最大的政治。"人民群众拥护不拥护""人民群众赞成不赞成""人民群众答应不答应"，这是党和国家制定各项制度的出发点和落脚点。我们不断构建系统、完整的生态文明制度体系，就是"要建设天蓝、地绿、水清的美丽中国，让老百姓在宜居的环境中享受生活，切实感受到经济发展带来的生态效益"[①]。中国特色社会主义生态文明制度建设是实现中国人民美好生活期待所必备的制度，生态文明制度每一次的完善和发展，都是为了进一步保护人民的切身利益，都是在不断满足人民对美好生活的期待。

（三）充分体现集中力量办大事的显著优势

新中国成立 70 多年来，中国特色社会主义创造了经济快速发展和社会长期稳定的"两大奇迹"，这些成就归根到底是因为"我国社会主义制度能够集中力量办大事"[②]。集中力量办大事，这是中国特色社会主义的内在优势，也是马克思主义关于社会发展的内在要求。我们指认的集中力量办大事，这个"大事"就是整个经济社会发展的重大问题、全面深化改革的重点问题、事关人民群众切身利益的根本问题。我们认识世界、改造世

---

① 习近平.中国发展新起点 全球增长新蓝图 [N].人民日报，2016-09-04（003）.

② 习近平谈治国理政（第 2 卷）[M].北京：外文出版社，2017:273.

界的过程，就是不断发现问题、解决问题的过程。集中力量办大事就是发现问题、解决问题最为有效的手段，是我们成就社会主义伟大事业的重要法宝。

中国共产党是马克思主义政党，中国共产党是全心全意为人民服务的政党，中国共产党的发展目标、奋斗方向和人民所向、人民所盼完全一致。中国特色社会主义建设离不开中国共产党的坚强领导，没有中国共产党的领导，就不可能实现民族独立、人民解放，就不可能实现国家富强、人民富裕。中国共产党能够统揽全局、协调各方，集中各方面的力量，"全国一盘棋、上下一条心"，集中优势办成一件件国家所向、民族所望、人民所盼的大事。好的环境，全体人民都受益；坏的环境，整个人类都遭殃。生态环境是人民群众生活的基本条件和社会发展的基本要素，我们"把生态文明建设放到更加突出的位置。这也是民意所在"①。事实证明，只有社会主义国家才能够最大限度地集中各方资源，调动各方力量，共同建设社会主义生态文明。

---

① 中共中央文献研究室.习近平关于社会主义生态文明建设论述摘编[M].北京：中央文献出版社，2017:83.

第二节 中国特色社会主义生态文明制度
建设的基本经验

新中国成立 70 多年来，特别是党的十八大以来，我国生态文明制度建设成就显著、成果颇丰，这充分体现了党和国家对生态文明制度建设的高度重视和主动作为。建设人与自然和谐与共的社会主义现代化强国，离不开中国特色社会主义生态文明制度的保驾护航。总结新中国成立 70 多年来生态文明制度建设的成功经验，有利于坚持好、巩固好、发展好生态文明制度，不断深化体制机制改革创新，构建更加成熟、定型、完善的中国特色社会主义生态文明制度体系。

一、科学把握生态文明制度建设与经济发展的关系

矛盾的观点是马克思主义的基本观点。马克思主义认为，矛盾是指事物内部两方面之间既对立又统一的关系，矛盾贯穿于事物发展的始终；主要矛盾在事物发展过程中处于支配地位，对事物发展起决定作用。毛泽东在《矛盾论》中指出："对于矛盾的各种不平衡情况的研究，对于主要的矛盾和非主要的矛盾、主要的矛盾方面和非主要的矛盾方面的研究，成为革命政党正确地决定其政治上和军事上的战略战术方针的重要方法之一，是一切共产党人都应当注意的。"[①] 任何一个社会都充满着矛盾，但主要矛盾起统领和支配的作用，它规定和影响着社会的发展进程。社会的主要矛盾是党和国家制定路线、方针、政策的基本依据，它关系党和国家的前途和命运。科学把握现时代社会主义主要矛盾，形成正确的发展理念、坚持正

---

① 毛泽东选集（第 1 卷）[M].北京：人民出版社，1991:326-327.

确的发展道路、制定科学的发展战略，就能够促进社会的发展与进步。历史和实践证明，一旦误判、错判社会主要矛盾，党和国家的发展必将遭遇挫折，社会的发展进步必将受阻。科学把握我国社会主要矛盾的变化，是判断我国所处历史方位的基本依据，也是判断社会主义初级阶段发展变化的重要依据。

党的十八大以后，中国特色社会主义进入新时代，我国社会的主要矛盾发生转变。具体而言，一是从"人民日益增长的物质文化需要"到"人民日益增长的美好生活需要"的转变，二是从"落后的社会生产"到"不平衡不充分的发展"的转变。生产力与生产关系的矛盾是人类社会的基本矛盾，中国特色社会主义现代化建设必然涉及生产力和生产关系两个方面，具体包括经济、政治、文化、社会、生态文明等各个领域。

中国特色社会主义进入了新时代，但我国正处于并将长期处于社会主义初级阶段这一基本国情没有发生根本性的变化；中国特色社会主义进入了新时代，但我国依然是世界上最大的发展中国家，这一国际地位没有发生根本性的变化。毫无疑问，经济建设依然是社会主义现代化建设的中心，解放生产力和发展生产力依然是社会主义现代化建设的根本任务，一心一意搞建设、促发展、谋复兴依然是中国共产党治国理政的第一要务。我们通过制度保护生态环境，就是保护生产力和发展生产力，客观上使生态文明制度建设与经济发展相辅相成、相互促进。实际上，脱离生态文明建设的经济发展乃是竭泽而渔，罔顾经济发展的生态文明建设只能是缘木求鱼。中国特色社会主义建设始终坚持以人民为中心的价值取向，始终把实现好、维护好、发展好最广大人民的根本利益作为党和国家一切工作的出发点和落脚点。始终维护人民群众的根本利益，决定了生态文明制度建设的目标和任务。实践证明，保护生态环境就是保护生产力，改善生态环境就是发展生产力。因此，我们应该清楚地认识到，解决与人民群众息息相关的生态环境问题，与我国社会主义现代化建设的目标相一致。

党的十九大报告指出，我国社会主要矛盾的变化是关系全局的历史性变化，对党和国家工作提出了许多新要求。[①]我国经济、政治、文化、社会和生态等各方面存在着各种错综复杂的矛盾，推进生态文明体制改革是解决新时代社会主要矛盾的必要条件。生态文明体制改革是推进全面深化改革的重要内容，大力推进生态文明体制改革，既有利于满足人民群众对美好生活的期待，又有利于解决事关民族永续发展的生态环境问题，更有利于建设一个美丽清洁的新世界。正确处理环境保护和经济发展的关系，实现经济发展和生态文明建设协同推进，把生态优势转化为经济优势、社会优势，进一步提升生态文明建设的质量和效益，进而助推经济社会各领域、各方面的高质量发展，最终促进中国特色社会主义进入整体性高质量、高效益发展的美好时代。

二、准确把握生态文明制度创新与理论创新的关系

制度不是静止的，也不是一成不变的，而是结合具体实际，不断发展和完善的。习近平总书记指出："坚持从我国国情出发，继续加强制度创新，加快建立健全国家治理急需的制度、满足人民日益增长的美好生活需要必备的制度。要及时总结实践中的好经验好做法，成熟的经验和做法可以上升为制度、转化为法律。"[②]生态文明制度是保护生态环境所依靠的制度，坚持和完善生态文明制度建设体系，需要不断推进生态文明制度创新，推动生态文明制度更加成熟、更加定型。社会主义社会是全面发展进步的社会，在这个意义上说，生态文明制度建设只有进行时，没有完成时。加强生态文明制度建设，不断推进生态文明制度创新，这是党和国家

---

① 习近平.决胜全面建成小康社会 夺取新时代中国特色社会主义伟大胜利——在中国共产党第十九次全国代表大会上的报告[M].北京：人民出版社，2017:12.

② 习近平.坚持、完善和发展中国特色社会主义国家制度与法律制度[J].求是，2019（23）:4-8.

的一项长期的重大战略任务。

生态文明建设理论、生态文明制度统一于中国特色社会主义事业的伟大实践中。中国共产党在推进生态文明建设的具体进程中，以生态文明实践推动生态文明理论创新，新的生态文明理论又指导生态文明建设的具体实践。因此，我们要在生态文明实践与生态文明理论相互作用的基础上，不断推动生态文明的制度创新。改革开放以来，中国共产党以伟大实践推动理论体系新发展，理论的创新又推动了全面深化改革，并将实践中的成功经验逐步上升为党和国家的制度。例如，我们立足基本国情和社会发展的需要，适时地把保护生态环境上升为一项基本国策，并把保护生态环境写入宪法，这是中国特色社会主义生态文明制度建设的一条基本经验。

马克思主义中国化既包括马克思主义生态理论的中国化，又包括马克思主义制度理论的中国化，二者统一于中国特色社会主义事业建设的具体实践中。制度的形成要以理论体系为指导，理论体系要以制度为载体，制度的完善来自伟大的实践。推进中国特色社会主义生态文明制度体系的完善发展，要进一步推进生态文明理论创新，进一步推进社会主义生态文明建设，促使生态文明建设实践探索、生态文明理论创新与生态文明制度建构相协调。具体而言，一是马克思主义深刻论述了人与自然的关系，说明了人是自然的产物，人是自然界的一部分，这是制度创新的理论基础；二是生态文明是中国特色社会主义事业的重要组成部分，在中国社会主义现代化建设的伟大实践中，将生态文明制度与中国特色社会主义经济建设、政治建设、文化建设、社会建设等紧密联系起来，在中国特色社会主义各项制度构成的整体合力中推进生态文明建设，不断推进绿色发展、倡导绿色的生活方式，以满足人民群众对美好生活环境的需求；三是生态文明制度是中国特色社会主义制度体系的重要组成部分，将环境保护上升为我国的一项基本国策，推动生态文明建设法制化、制度化和体系化，这是推进社会主义建设的内在要求，也是实现美丽中国目标的根本遵循。

　　理论的生命力在于创新。新时代中国特色社会主义生态文明制度建设，要始终坚持以习近平生态文明思想为指导，立足全面深化深化改革与国家治理现代化的伟大实践，贯穿于实现中华民族伟大复兴美丽中国梦的伟业之中。习近平生态文明思想是马克思主义中国化最新的理论成果，它具有丰富的内涵和成熟的体系，深刻回答了中国共产党人为什么建设生态文明、建设什么样的生态文明、怎样建设生态文明等重大理论和实践问题。① 生态兴则文明兴，生态环境问题是重大政治问题和关系民生的重大社会问题，把建设生态文明制度建设摆在更加突出的位置，唯有"实行最严格的制度、最严密的法治，才能为生态文明建设提供可靠保障"②。我们唯有通过理论的不断创新，才能更好地指引生态文明建设的新实践。

　　始终坚持理论创新与制度创新的有机统一，保持中国特色社会主义生态文明制度的强大生命力。任何重大的制度创新和理论创新都是建立在新的现实条件和具体实践基础上。为应对全人类面临的生态环境问题，我们倡导构建人类命运共同体理念，呼吁世界各国共建美丽地球家园。人类命运共同体理念作为新时代的世界观和方法论，是对辩证唯物主义和历史唯物主义的创造性继承与发展，它在吸收中华传统优秀文化和借鉴当代世界的文明成果的基础上，转化为世界各国通过不断地阐发、制度化以及与实践互动而展现的一种现实变革力量。

三、全面把握坚持生态文明制度的中国特色与借鉴国外经验的关系

　　办好中国的事情，关键在党。中国最大的特征就是中国共产党的领

---

① 孙金龙 . 做习近平生态文明思想的坚定信仰者、忠实践行者、不懈奋斗者 [N]. 光明日报，2020-07-19（003）.

② 习近平谈治国理政 [M]. 北京：外文出版社，2014:210.

导。坚持和完善中国特色社会主义生态文明制度、推进国家生态领域治理体系和治理能力现代化，关键在于牢牢把握好中国共产党领导这一中国特色社会主义最本质的特征。生态文明是一个重要的治国理念，生态文明制度是中国共产党治国理政的重要举措。事实上，中国共产党始终是生态文明制度建设的开创者、主导者和建设者。推动生态文明建设，党和国家制定了一系列法律法规，建立了完善的生态环境保护管理体系，形成了科学有效的生态环境治理体系。坚持和完善党的领导制度，是推动生态领域治理体系和治理能力现代化的内在要求。党的十八大以来，党和国家通过全面深化改革，为推进生态文明顶层设计和制度体系建设，相继出台多项举措。例如，2015 年国家出台了《党政领导干部生态环境损害责任追究办法（试行）》，针对生态环境损害问题，实行领导干部责任追究制度，明确了"党政同责"的职责，要求"后果追责""行为追责""终身追责"。

人类只有一个地球，建设绿色家园是全人类共同的理想和追求。生态环境问题不是一国或几个国家的问题，而是涉及世界各国根本利益的问题。20 世纪六七十年代以来，全球性生态危机蔓延。为此，1972 年联合国召开第一次人类环境大会，并通过了《人类环境宣言》。我国是最早参与全球生态治理的国家之一，把握好国内治理与国际合作是我国社会主义生态文明建设的基本经验之一。环境问题的本质是发展问题，应对全球生态环境问题、推进全球生态文明建设涉及两方面：一是既有的生态问题，特别是西方发达资本主义造成的环境污染与环境破坏问题；二是当下和未来，如何实现绿色发展的问题。

新时代中国特色社会主义生态环境治理需要充分吸收国外低碳发展、可持续发展的理念，积极引进外国绿色技术。具体而言，一方面，遵循全球生态治理的基本原则，融入国际社会相关生态治理行动的制度体系，有助于推动我国在生态环境保护、生态治理方面形成相应制度，推动我国生态文明制度建设；另一方面，推动构建全人类的价值共识，以和平、发展、公平、正义作为基本原则，在尊重各国文明的基础上，形成绿色发展同盟，客观上促进我国生态文明制度建设。生态治理是世界各国共同面临的难题，也是世界各国能够通力合作的基础之一，通过搁置分歧、加强合作，对我国生态文明制度建设产生了积极作用。

习近平总书记指出："建设生态文明关乎人类未来。国际社会应该携手同行，共谋全球生态文明建设之路。"[1] 中国始终坚持共同但有区别的责任，主动承担生态治理的国际责任，分享我国生态文明建设的理念、方案，与世界各国一道推动全球生态治理，以造福全人类。中国特色社会主义进入新时代，为积极履行联合国有关保护生态环境的倡议，率先发布《国家应对气候变化规划（2014—2020 年）》《中国落实 2030 年可持续发展议程国别方案》。我国"将应对气候变化作为实现发展方式转变的重大机遇，积极探索符合中国国情的低碳发展道路。中国政府已经将应对气候变化全面融入国家经济社会发展的总战略"[2]。认真总结我国生态文明制度建设的宝贵经验，为建设人与自然和谐的现代化提供制度保障，为实现"两个一百年"奋斗目标和中华民族伟大复兴提供制度支撑，进一步丰富和发展当代马克思主义和 21 世纪马克思主义，为推动人类制度文明的进步贡献智慧和力量。

当今世界正经历百年未有之大变局，中国现代化建设进程正面临着矛盾凸显与转型的难题。事实上，社会主义的发展不可能总是一帆风顺的，中国特色社会主义现代化建设决不能夜郎自大、固执恪守，而是要以更宽广的历史视角和世界眼光，秉持兼收并蓄的姿态，吸收一切先进的人类文明，不断丰富和发展中国特色社会主义。邓小平指出："社会主义要赢得与资本主义相比较的优势，就必须大胆吸收和借鉴人类社会创造的一切文明

---

① 习近平谈治国理政（第 2 卷）[M]. 北京：外文出版社，2017:525.

② 中共中央文献研究室. 习近平关于社会主义生态文明建设论述摘编 [M]. 北京：中央文献出版社，2017:130.

成果。"① 人类文明因多样而交流，因交流而相互借鉴，因相互借鉴而发展进步，我们要摒弃狭隘的单边主义和自我中心主义，立足国情实际，在尊重文明的多元的基础上，实现交融、互鉴、互补，争取早日实现民族复兴大业。

　　生态文明是指引人类发展的新的文明样态，生态文明建设要以制度为重要支撑，而任何一种制度，都有其存在和发展的社会土壤。建设中国特色社会主义生态文明制度，我们既要尊重本国的文化传统和实际国情，也要正确对待外国外优秀文明成果，正确处理我们的本土资源与外来资源的关系。这是对中国制度创新与发展经验的科学总结和高度概述。换言之，生态文明制度建设是对新时代中国特色社会主义制度的新发展，我们推进生态文明制度体系建设，既要充分借鉴国外先进经验，又要充分发挥我们自身的优点，积极推动民族性与开放性相结合，保持中国特色社会主义生态文明制度的最大活力。

---

① 邓小平文选（第 3 卷）[M]. 北京：人民出版社，1993:373.

第三节 中国特色社会主义生态文明制度建设的现实意义

人类共同拥有一个地球，地球生态系统具有鲜明的整体性、系统性，保护生态环境是全人类的共同责任。尽管各个国家发展的历史和生产力水平不同，但推动绿色发展、可持续发展是符合全人类的普遍利益和根本利益的发展之路。"为人民谋幸福、为民族谋复兴、为世界谋大同"①是中国共产党人永恒的追求，无论是毛泽东对"中国应当对于人类有较大的贡献"②的期许，还是习近平总书记对"中国共产党始终把为人类作出新的更大的贡献作为自己的使命"③的承诺，都彰显了中国共产党始终以把人民对美好生活的向往变成现实为己任，自觉地担当起为人类创造美好未来的神圣责任。

一、国家意义：实现中华民族永续发展

认识世界、改造世界的过程，就是认识问题、发现问题的过程。我们始终坚持社会主义道路，需要以正在做的事情为中心，进一步丰富和发展马克思主义。生态环境问题是当今时代人类面临的重要问题之一，既要正确认识保护生态环境、治理环境污染的紧迫性和艰巨性，也要正确认识到推进生态文明制度建设的重要性和必要性。生态文明制度是中国特色社会

---

① 中共中央宣传部.习近平新时代中国特色社会主义思想学习纲要[M].北京:学习出版社、人民出版社,2019:10.

② 中共中央文献研究室.毛泽东思想年编:1921—1975[M].北京:中央文献出版社,2011:816.

③ 习近平.决胜全面建成小康社会 夺取新时代中国特色社会主义伟大胜利——在中国共产党第十九次全国代表大会上的报告[M].北京:人民出版社,2017:57.

主义制度的重要组成部分和新的发展形态，也是推进中国特色社会主义生态文明建设行稳致远的根本保障。

（一）丰富和发展中国特色社会主义制度体系

生态环境危机是全人类面临的共同难题，制度建设是解决这一问题的关键。新时代我们面临着建设什么样的生态文明制度，如何建设生态文明制度的问题，这是新时代中国特色社会主义进行探索与实践必须要回答的重大问题。这一问题关系到在实践中坚持和发展科学社会主义理论，关系到如何坚持和发展中国特色社会主义制度，关系到中国特色社会主义的前途与命运。习近平总书记指出："一个国家实行什么样的主义，关键要看这个主义能否解决这个国家面临的历史性课题。"① 以问题为导向，为什么建设生态文明、如何建设生态文明的前提，就是在中国共产党的坚强领导下，坚定不移地走中国特色社会主义道路。实践证明，用制度保障我国生态文明建设主要体现在两个方面。一方面在中国共产党始终坚持社会主义生态文明建设，始终坚持科学社会主义基本原则，始终坚持走社会主义道路；另一方面，在不同历史时期，生态文明制度建设各有侧重，根据时代条件赋予其鲜明的中国使命，进一步丰富和发展生态文明制度的新样态。

人与自然的关系是马克思主义自然辩证思想的重要问题之一，"人与自然"是中国特色社会主义建设必须正确处理的基本关系之一。社会主义的发展是追求人与自然和谐的发展。人与自然和谐，既是中国特色社会主义发展的目的，又是中国特色社会主义发展的手段。目前，中国特色社会主义现代化建设所面临的各种社会矛盾，要达到人与自然和谐的目的，离不开全面深化改革，更需要最严明的制度、最严密的法治支撑生态文明建设。生态文明制度的创新和发展是人与自然和谐与共的重要保障，也是建设中国特色社会主义生态文明的重要内容。事实上，积极推进国家生态治

① 习近平.关于坚持和发展中国特色社会主义的几个问题[J].求是，2019（07）：4-12.

理体系和治理能力现代化，体现了生态文明制度与中国特色社会主义制度的内在一致性。生态文明制度建设是在中国特色社会主义制度的整体框架下，运用法律、法规、政策、方针等手段，与经济制度、政治制度、文化制度、社会治理制度、科技制度等紧密关联，推动形成系统完备、科学规范、运行有效的生态文明制度体系。

（二）助力和支撑我国经济社会的高质量发展

改革创新是我们战胜一切困难、取得一个又一个胜利的重要法宝。生态文明制度建设是生态文明建设的核心所在，生态文明制度建设是一个新鲜事物、一个好事物，但并不是说我国生态文明制度就完美无缺、不需要改革和发展。新中国成立 70 多年来，特别是改革开放以来，我们实现了经济快速发展和社会长期稳定的"两大奇迹"，生态文明建设领域取得了显著成效，中国人民实现了从站起来、富起来到强起来的伟大历史巨变。归根到底，"中国特色社会主义制度是当代中国发展进步的根本制度保障，是具有鲜明中国特色、明显制度优势、强大自我完善能力的先进制度"[①]。我国生态文明建设是基于社会主义制度的，是为了更好地解决社会主义初级阶段我国出现的各种生态环境问题，解决我国经济社会发展与环境问题之间矛盾的根本措施。

生态环境是重要的资源要素，如何提高资源利用的效能，这是中国现代化建设亟待解决的问题。生产资料公有制是社会主义的基础，通过什么样的资源配置手段，才能最大限度地提高资源利用效率？在中国特色社会主义建设的过程中，过去很长一段时间内我们机械地照搬照套苏联关于社会经济体制的设计，简单地把计划经济等同于社会主义，把市场经济等同于资本主义，这一认识上的误区严重制约了社会主义制度的活力。事实证明，计划经济和市场经济都是配置资源的手段，并不存在姓"资"姓

---

① 习近平谈治国理政（第 2 卷）[M]. 北京：人民出版社，2017:51.

"社"的问题。改革开放以来，中国逐步走出了一条中国特色社会主义市场经济之路，极大地提高了资源的效能，提高了人民群众的生活水平。在总结发展经验、回应现实需要的基础上，党和国家明确指出，使市场在资源配置中起决定性作用和更好发挥政府的作用。①

改革开放 40 多年来的实践表明，只有用好"看得见的手"和"看不见的手"两只手，才能更好推进中国特色社会主义现代化建设。中国特色社会主义市场经济的制度设计，既要注重效率，也要体现公平。一方面，市场经济制度更注重效率；另一方面，国家宏观调控更注重社会公平。干净的空气、蔚蓝的天空、肥沃的土地、清洁的水源，优质的生态环境就是最好的、最普惠的公共产品。我们实行"统筹山水林田湖草一体化保护和修复，加强森林、草原、河流、湖泊、湿地、海洋等自然生态保护"②，这充分体现了当代中国共产党人的智慧和担当，充分释放了社会主义的巨大的活力，推动了社会主义的全面发展。

（三）优化和满足人民群众对美好生活的制度期待

生态环境问题是社会主义现代化建设面临的重大问题之一，生态环境的好坏成为衡量经济社会发展的重要标准。优良的生态环境是最公平最普惠的民生福祉，保护生态环境就是保护我们自己的家园，保护生态环境就是保护我们民族永续发展的底线。推进生态文明制度建设，共同建设美丽中国，这是全党和全国人民的基本共识。

中国自古就是大一统的国家，只有国家统一安定，人民才能安居乐业。中国特色社会主义现代化建设需要一个坚强的领导，中华民族伟大复兴更需要一个坚强的领导。中国共产党是马克思主义政党，中国共产党是

① 中共中央关于全面深化改革若干重大问题的决定 [N].人民日报，2013-11-16
（001）.
② 中共中央关于坚持和完善中国特色社会主义制度、推进国家治理体系和治理能力现代化若干重大问题的决定 [M].北京：人民出版社，2019:32.

无产阶级的政党，旨在维护最广大人民群众的根本利益。习近平总书记指出："没有共产党，就没有新中国，就没有新中国的繁荣富强。坚持中国共产党这一坚强领导核心，是中华民族的命运所系。"① 坚持党的领导是中国特色社会主义生态文明建设的根本优势，生态文明建设与党情、国情、世情高度契合，党的领导对生态文明建设起关键作用。

人民群众是历史的创造者和推动者，是我国生态文明建设的最大主体。中国特色社会主义生态文明建设是全体中国人民的伟大事业，需要最大限度地发挥广大人民群众的能动性，共同推动中国特色社会主义走向人与自然和谐的生态文明新时代。事实上，"生态文明是人民群众共同参与共同建设共同享有的事业……每个人都是生态环境的保护者、建设者、受益者"②。人民群众是国家的主人，生态文明建设是人民的伟大事业，要充分发挥人民群众的热情，通过构建生态文明制度体系，赋予公众生态文明建设的明确责任和义务，使其转化为全体公民自觉的行为。

二、世界意义：携手共建人类命运共同体

制度文明是人类理性实践的产物，"指一种合理的、进步的、科学的、合乎人类经济与社会发展规律的、有生命力的、为人民大众所向往、追求、拥护的制度"③。中国特色社会主义生态文明是制度文明的新发展、新形态，是人类制度文明史上的伟大创造，为建设全球生态文明贡献了新智慧，为世界各国发展提供了新选择，进一步彰显了我们致力于建设共同美好未来的新使命。

---

① 习近平谈治国理政（第 2 卷）[M]. 北京：人民出版社，2017:18.

② 习近平. 推动我国生态文明建设迈上新台阶 [J]. 求是，2019（03）:4-19.

③ 董建新. 制度与制度文明 [J]. 暨南学报（哲学社会科学），1998（01）:8-13.

（一）为全球生态文明建设贡献东方智慧

马克思和恩格斯深刻阐释了工业革命极大提高了生产力水平，人类改造自然的能力得到显著增强的同时，他们也看到了资本主义社会中人与自然关系的"异化"，正如马克思指出："随着人类愈益控制自然，个人却似乎愈益成为别人的奴隶或自身的卑劣行为的奴隶。"① 人类社会发展的最终目标就是实现共产主义，共产主义社会实质上也是"人同自然界的完成了的本质的统一，是自然界的真正复活，是人的实现了的自然主义和自然界的实现了的人道主义"②。共产主义是实现人与自然、人与人矛盾和解的社会。现时代我们要实现人类社会的永续发展，亟待摆脱工业化发展的困境，摒弃资本主义"独善其身"的自私理念，共建一个清洁美丽地球家园，进一步佐证了马克思主义思想依旧闪耀着真理的光芒。

习近平总书记指出："战略问题是一个政党、一个国家的根本性问题。战略上判断得准确，战略上谋划得科学，战略上赢得主动，党和人民事业就大有希望。"③ 当今世界正经历百年未有之大变局，国家之间博弈全面加剧，国际体系和国际秩序深度调整，全球发展面临的新机遇、新挑战，全球不确定、不稳定因素明显增多。新时代的中国要发展，就必须顺应世界发展潮流，"要树立世界眼光、把握时代脉搏，要把当今世界的风云变幻看准、看清、看透，从林林总总的表象中发现本质，尤其要认清长远趋势"④。世界观是人类对整个客观世界以及人与世界关系的总的看法和根本观点，倡导构建人类命运共同体，就是中国共产党人对当今世界的总的看法和根本观点，这是中国共产党对 21 世纪全人类命运与共的科学判断。

"世界怎么了"必然就引向"我们怎么办"的现实考量，面对全球性

---

① 马克思恩格斯选集（第 1 卷）[M].北京：人民出版社，2012:776.
② 马克思恩格斯文集（第 1 卷）[M].北京：人民出版社，2009:187.
③ 习近平谈治国理政（第 2 卷）[M].北京：外文出版社，2017:10.
④ 习近平谈治国理政（第 2 卷）[M].北京：外文出版社，2017:442.

的生态危机，我们亟需找寻解决这一问题的有效方法。美国著名的"发展伦理学之父"德尼·古莱认为，"就共同人性的问题上，取得事实上的一致，是人类团结的第一个本体论基础"①，因为全人类命运是相统一的。凝聚最大发展共识，应是世界各国的共同追求，尽管世界各国国情有所不同，文化、生产力发展水平存在明显差异，但全人类对公平正义的美好生活的追求始终如一。保护生态环境就是保护生产力，改善生态环境就是发展生产力的理念，是中国共产党人对人类社会发展的新认识、新理解，极大地拓展了人类对生产力内涵的认识，为人类发展提供了新的思路。中国倡导构建一个"尊崇自然、清洁美丽"的生命共同体，这一主张揭示了人类与自然环境的高度一致性，超越了资本主义"人是万物的尺度"的狭隘的人类中心主义的观点，充分彰显了社会主义生态文明是超越资本主义的东方智慧。

人类命运共同体的生态价值意蕴，旨在强调从人与自然、人与人、人与社会的多重关系入手，进而构建更具普遍意义的全球性生态价值体系。人类命运共同体是一种科学的、全面的、系统的、辩证的看待人与自然、人与人、人与社会关系的价值理念，它充分体现了我们是站在全人类的立场，构建更具包容性、科学性的可持续发展理念。我们倡导的人类命运共同体理念要求以客观、公正、系统、长远的观点看待全球生态治理问题，有助于消解"非此即彼"的狭隘的发展理念，有利于构建一个充满公平正义、清洁美丽的新世界。事实上，我国倡导世界各国应秉持"各美其美，美人之美，美美与共，天下大同"的胸怀，人类命运共同体追求的是一种合作共赢、"美美与共"的大同理想和多元文化认同下的"共同价值"，为世界发展和人类未来指明正确的发展方向。中国倡导构建人类命运共同体，就是遵循共同发展的全人类基本价值理念，建立健全更加公平、合理

---

① （美）德尼·古莱.发展伦理学[M].高铦，等，译.北京：社会科学文献出版社，2003:76—77.

的国际规则，构建国与国之间、民族与民族之间共享发展成果、共享安全保障、共掌世界命运的美丽新世界。

（二）为全球生态文明建设提供中国方案

生态环境问题的本质是发展问题。对生态环境问题的探究只有通过经济关系才能把握其本质。新时代的中国始终主张通过构建人类命运共同体，建设全球生态文明，因此必须立足发展的视角，走合作共赢的发展之路，从而推动人类社会的永续发展。

生态环境问题早已超越了民族和国家的界限，生态危机愈演愈烈，不论哪个国家或地区都不可能独善其身，也无法置身事外。追求利润最大化的资本主义是反生态的，这使得资本主义社会的生态文明建设具有欺骗性。英国学者戴维·佩珀（David Pepper）指出："既然环境质量与物质贫困或富裕相关，西方资本主义就逐渐地通过掠夺第三世界的财富而维持和'改善了'它自身并成为世界的羡慕目标。"① 而今，一些西方资本主义国家依旧秉持利己主义立场，奉行生态帝国主义，对于全球气候变化与生态环境恶化持放任态度。例如，美国一度退出了《巴黎协定》，澳大利亚退出了《联合国海洋法公约》，极大破坏了全球生态治理的国际合作的良好局面。

中国举全国之力推进社会主义生态文明建设，促进了经济、政治、文化、社会与生态的协调发展，引起全世界各国的广泛瞩目，赢得国际社会的高度赞誉。习近平总书记指出，党的十八大以来这几年，"是我国生态文明建设力度最大、举措最实、推进最快、成效最好的时期。这一点必须充分肯定"②。英国历史学家阿诺德·约瑟夫·汤因比（Arnold Joseph Toynbee）

---

① （英）戴维·佩珀.生态社会主义：从深生态学到社会正义[M].刘颖，译.济南：山东大学出版社，2005:140.

② 中共中央党史和文献研究院.十八大以来重要文献选编（下）[M].北京：中央文献出版社，2018:761.

就曾预测：“'中国可能有意识地、有节制地融合'中国与其他文明的长处，'其结果可能为人类文明提供一个全新的文化起点'。”① 英国学者马丁·雅克（Martin Jacques）指出：“中国作为发展中国家，其行为不可能与发达国家一样。”② 事实证明，中国走的不是西方国家“先污染后治理”的道路、生态帝国主义的路径，而是中国特色社会主义生态治理之路。例如，我国是世界人工造林第一大国、新能源和可再生资源利用第一大国，拥有世界最大污水处理能力，森林覆盖率由 20 世纪初的 16.6% 提高到 2022 年初的 24%③。

中国特色社会主义进入新时代后，我国先后提出共建“丝绸之路经济带”和“21 世纪海上丝绸之路”（简称“一带一路”）的重大倡议，得到了国际社会的高度关注和积极肯定。我国提出的“一带一路”的倡议，旨在推动“一带一路”沿线国家经济繁荣与区域发展合作，促进不同文明交流互鉴，推动世界发展进步。在生态环保领域，我国强化生态环境信息支撑服务，推动环境治理标准、环境技术和环保产业合作，共建绿色的“一带一路”，共建命运与共的“一带一路”。中国倡导的“一带一路”建设，在经贸合作中凸显生态理念，重点加强生态环境、生物多样性和应对全球气候变化的合作，推动实现可持续发展和共同繁荣的根本诉求。联合国气候变化大会前主席姆拜尼马拉马赞道：“中国的帮助对深受气候变化困扰的国家至关重要，中国的路径对广大发展中国家的绿色发展充满启发。”④

列宁曾说：“一切民族都将走向社会主义，这是不可避免的，但是一切

① 张维为. 西方的制度反思与中国的道路自信 [J]. 求是，2014（09）:47-50.

② 马丁·雅克. 英专家解读：英国转向中国仅是因为钱吗？[EB/OL]. http://mil.news.sina.com.cn/2015-10-22/1231841892.html？ cre=sinapc&mod=g&loc=8&r=h&rfunc=9.

③ 全国绿化委员会办公室. 2022 年中国国土绿化状况公报 [N]. 人民日报，2023-03-16（014）.

④ 于洋. 一带一路搭建绿色发展合作平台 [N]. 人民日报，2018-12-15（003）.

民族的走法却不会完全一样，在民主的这种或那种形式上，在无产阶级专政的这种或那种形态上，在社会生活各方面的社会主义改造的速度上，每个民族都会有自己的特点。"[1] 中国作为世界上最大的发展中国家，生态文明建设的中国方案植根中国土壤，是在中国成功实践的产物，能够为其他国家提供借鉴参考。中国方案始终坚持互利共赢，始终强调求同存异、包容互鉴、对等一致、共同发展。中国方案从根本上系统全面地回应了资本主义国家的质疑，以科学系统的理论和发展战略，解决了中国发展面临的生态问题，同时，也为人类的发展探索了的新方向。中国特色社会主义生态文明建设所取得的举世瞩目的成就，正得到世界上越来越多国家的认可与赞同。无疑，中国实践、中国方案对于推动国际社会朝着良性方向发展和发展中国家的生态治理具有重大的建设性意义，对构建全人类命运共同体有着深远的战略意义。

（三）为全球生态文明建设彰显中国担当

德国社会学家乌尔里希·贝克（Ulrich Back）在《世界风险社会》一书中指出，全球生态危机是现代风险社会的重要存在形式。生态环境不仅关系一国的根本利益，而且关系全人类共同的利益。当今世界正处于百年未有之大变革时期，人类将走向何处？恩格斯曾指出："当我们通过思维来考察自然界或人类历史或我们自己的精神活动的时候，首先呈现在我们眼前的是一幅由种种联系和相互作用无穷无尽地交织起来的画面。"[2] 建设繁荣美丽新世界应该是各国人民的共同梦想，中国人民愿同世界各国一道共建美丽地球家园。面对挑战，中国人民与世界人民肩并肩，共同应对难题；面对发展，中国人民与世界人民共牵手，共同缔造繁荣；面对变局，中国人民与世界人民心连心，共同描绘未来。

中国是世界的中国，中国的发展与世界命运与共。邓小平曾指出，"关

① 列宁选集（第 2 卷）[M] 北京：人民出版社，2012:777.
② 马克思恩格斯文集（第 3 卷）[M]. 北京：人民出版社，2009:538.

起门来搞建设是不可能成功的，中国的发展离不开世界"，这种"离不开"是相互的，因为中国与世界"帮助是相互的，贡献也是相互的"。① 推进全球生态文明建设，中国责任、中国作为、中国担当正引起国际社会的高度关注和普遍认同。中国智慧、中国行动、中国作用赢得国际社会的共同肯定和广泛赞誉。例如，党的十八大之后，我国率先发布《中国落实 2030 年可持续发展议程国别方案》，积极实施《国家应对气候变化规划（2014—2020 年）》，积极主动履行联合国《2030 年可持续发展议程》。

"人类不能再忽视大自然一次又一次的警告，沿着只讲索取不讲投入、只讲发展不讲保护、只讲利用不讲修复的老路走下去。"② 为建设一个清洁、美丽的地球家园，人类需要一场自我革命。意大利经济学家洛蕾塔·拿波里奥尼（Loretta Napoleoni）指出："中国共产党的经济模式已经战胜了西方体系，比其他任何模式都更能保障经济增长和人民生活水平的提高。"③ 全球著名的未来学家约翰·奈斯比特（John Naisbitt）在其重要著作《中国大趋势：新社会的八大支柱》中指出："中国已经逐步成长为它们（西方国家）在全球市场上势均力敌的竞争对手，并且正在创造一种符合自己历史与社会要求的、与美国现代民主相抗衡的政治体制，就像美国在 200 多年前创造了符合自己历史与社会要求的民主体制一样。"④ 同时，他也指出："中国却在创造一个崭新的社会、经济和政治体制，它的政治模式也许可以证明资本主义这一所谓的'历史终结'只不过是人类历史道路的一个阶段而已。"⑤ 诺贝尔经济学奖获得者、新制度经济学奠基人罗纳德·科斯

---

① 邓小平文选（第 3 卷）[M]. 北京：人民出版社，1993:78-79.

② 习近平. 在第七十五届联合国大会一般性辩论上的讲话 [N]. 人民日报，2020-09-23（003）.

③ （意）洛蕾塔·拿波里奥尼，袁鲁霞，静平. 为何中国共产党比我们资本主义国家经营得好 [J]. 红旗文稿，2012（18）:37-38.

④ （美）约翰·奈斯比特. 中国大趋势：新社会的八大支柱 [M]，魏平，译. 北京：中华工商联合出版社，2009:8.

⑤ （美）约翰·奈斯比特. 中国大趋势：新社会的八大支柱 [M]，魏平，译. 北京：中华工商联合出版社，2009:4.

（Ronald H. Coase）认为，中国的改革是这个时代最伟大的故事，他在《变革中国》一书中写到，中国的经验对全人类非常重要。美国《时代》周刊曾写到："这是我们时代的伟大故事，不是中国人的事，是我们的故事，是全人类的故事。"① 事实证明，中国特色社会主义的现代化发展之路既不同于西方的现代化道路，也不同于原苏联的社会主义道路。中国特色社会主义的现代化发展之路，"拓展了发展中国家走向现代化的途径，给世界上那些既希望加快发展又希望保持自身独立性的国家和民族提供了全新选择"②，具有普遍的世界意义。

美丽中国梦所追求、所坚持的既是一个和平与发展、公平与正义、民主与自由的世界，又是一个互利共赢、合作共赢、人民幸福、和谐的世界，这是中国人民的伟大梦想，也应该是全人类的共同梦想。为建设清洁美丽世界、推动构建人类命运共同体作出更大贡献，"只有团结协作，才能凝聚力量，有效克服国际政治经济环境变动带来的不确定因素。只有持之以恒，才能累积共识，逐步形成有效持久的全球解决框架"③。中国的发展既没有离开世界，也没有依附于任何国家，中国始终坚持在独立自主的前提下，通过全面深化改革，坚持全方位的对外开放，探索出一条适合中国国情的现代化发展之路，为全人类追求文明进步探索出了一条新路。中国特色社会主义现代化建设打破了西方语境中"现代化进程"就是等同于"西方现代化"的思维定式。中国特色社会主义生态文明丰富了人类现代化的内涵和世界文明多样性，体现了人类共同的价值追求。

人类命运共同体的构建既是中国梦的一部分，也是世界梦的一部分。一方面，中国倡导"坚持同舟共济、权责共担，携手应对气候变化、能源

①　钟声. 契合时代潮流的通往未来之路——写在改革开放四十周年之际 [N]. 人民日报，2018-12-24（003）.

②　习近平. 决胜全面建成小康社会 夺取新时代中国特色社会主义伟大胜利——在中国共产党第十九次全国代表大会上的报告 [M]. 北京：人民出版社，2017:10.

③　习近平. 二十国集团领导人杭州峰会讲话选编 [M]. 北京：外文出版社，2017:17-18.

资源安全、网络安全、重大自然灾害等日益增多的全球性问题，共同呵护人类赖以生存的地球家园"^①的发展理念；另一方面，我们提出要从"环境正义"的维度出发，维护《联合国气候变化框架公约》"共同但有区别"的生态环境治理原则。"共同但有区别责任"是指发达国家和发展中国家对造成气候变化的历史责任不同，现时代社会发展需求和能力也存在显著差异。在这个意义上，"发达国家在应对气候变化方面多作表率"^②，这既符合发达国家的历史责任和现实责任，也符合广大发展中国家的共同心愿和实际能力。

美国学者塞缪尔·亨廷顿（Samuel Huntington）在《文明的冲突与世界秩序的重建》中写到："历史上，相同文明的国家或其他实体之间的关系有异于不同文明的国家或实体之间的关系。对待'像我们'的人的指导原则与对待不同于我们的'野蛮人'的指导原则是截然不同的。"^③这恰恰代表了西方资本主义国家采用"双重标准"，谋求私利的虚伪行径。与之相反，中国始终倡导世界文明的多样性，始终坚持文明交流互鉴，不是"我们的"文明与文明之外"他们"的关系，而是秉持公平、正义、平等的原则，充分发挥联合国的作用，积极构建平等对话机制，谋求合作共赢之路。

世界美了，中国才能美；中国美了，世界将会更美。中国是世界的中国，中国的发展是世界的机遇。我们为中国共产党领导中国人民取得的伟大成就感到自豪，但我们不会骄傲自满，更不会一家独享。中国坚定不移地走社会主义道路的决心不会改变，与其他国家互学互鉴、合作共赢的决

---

① 中共中央文献研究室.习近平关于社会主义生态文明建设论述摘编[M].北京：中央文献出版社，2017:128.

② （英）戴维·佩珀.生态社会主义：从深生态学到社会正义[M].刘颖，译.济南：山东大学出版社，2005:140.

③ （美）塞缪尔·亨廷顿.文明的冲突与世界秩序的重建[M].周琪，等，译.北京：新华出版社，1998:134.

心不会改变，与世界携手同行的决心更不会改变。中国共产党领导的中国人民始终是全人类利益的维护者、全球治理的参与者、全球生态文明建设的引领者。过去的数年，中国已兑现和落实了对全世界的承诺，而今中国又承诺二氧化碳排放力争于 2030 年前达到峰值，努力争取 21 世纪中叶前实现碳中和。中国特色社会主义的伟大实践表明，一个开放发展的中国，一个繁荣富强的中国，一个和谐稳定的中国，一个清洁美丽的中国，必将为全人类做出更大的中国贡献，为全世界发展进步贡献中国智慧、中国方案、中国力量。

言必信，行必果。未来之中国，将以更加开放包容的姿态融入世界，同世界开展更加良性的互动，促进世界的进步和繁荣；未来之中国，将继续做世界和平的建设者、全球发展的贡献者、国际秩序的维护者，与各国一道共同创造世界更加美好的未来！全人类共同追求的人与自然和谐与共的社会，是"人同自然界的完成了的本质的统一，是自然界的真正复活，是人的实现了的自然主义和自然界的实现了的人道主义"[1]。到那时，人与自然、人与人的矛盾得到真正而彻底的解决，人类社会是一个实现了真正自由人联合体的共产主义社会。

---

[1]　马克思恩格斯文集（第 1 卷）[M]. 北京：人民出版社，2009:187.

本章小结

中国特色社会主义制度是当代中国发展进步的根本制度保障，是具有鲜明的中国特色、明显的制度优势、强大自我完善能力的先进制度。从"中国之制"到"中国之治"，充分彰显了中国特色社会主义制度相比资本主义制度的显著优势。世界各国不仅在经济、发展上"向东看"，而且在道路、理念上"向东看"，我国实现了从"融入世界"到"引领世界"的转变。"绿水青山就是金山银山"，现代化建设与绿水青山相得益彰。中国特色社会主义把"美丽"作为现代化的重要内涵，为人类社会走出了一条现代化的新路，中国有能力、有信心为世界贡献中国智慧和中国方案。把我国生态文明制度优势转化为治理效能，既是党和国家事业发展的新要求，又是坚持和发展中国特色社会主义的新任务，更是中国为全人类文明发展作出的新贡献。无论是现在，还是未来，中国始终是全球生态文明的建设者、贡献者、维护者，中国人民始终愿同各国人民一道，努力建设一个更加繁荣、清洁、美丽的新世界。

我国生态文明制度建设的守正与创新

国家制度是一个国家发展的基本保障和重要支撑，国家制度是一个国家治理的根本依据。制度创新是社会发展的重要推动力，正如恩格斯指出："所谓'社会主义社会'不是一种一成不变的东西，而应当和任何其他社会制度一样，把它看成是经常变化和改革的社会。"①生态文明制度是推动生态文明建设和环境保护事业发展的根本保障。党的十九届四中全会审议通过的《中共中央关于坚持和完善中国特色社会主义制度、推进国家治理体系和治理能力现代化若干重大问题的决定》，既阐明了我国生态文明建设必须始终坚持的重大制度和基本原则，又部署了推进生态文明制度建设的重大任务和重要举措，体现了守正与创新的辩证统一。

第一节　坚定中国特色社会主义生态文明的制度自信

制度建设是中国特色社会主义生态文明建设的核心问题。坚持和完善中国特色社会主义生态文明制度，是由我们这个"国家的历史文化、社会性质、经济发展水平决定的"②，也是由中国共产党领导中国人民决定的。

---

① 马克思恩格斯选集（第 4 卷）[M].北京：人民出版社，2012:601.
② 习近平.坚持和完善中国特色社会主义制度推进国家治理体系和治理能力现代化[J].求是，2020（01）:4-13.

生态文明建设是一场根本性的变革，我们必须紧紧依靠制度、依靠法治。实践证明，中国特色社会主义生态文明制度是党和人民的伟大创举，也是整个人类制度文明的伟大创造。中国特色社会主义生态文明制度，是我们党领导中国人民进行伟大实践的最新产物，是马克思主义中国化的最新成果，它具有鲜明的中国气派、民族风格、时代特色。坚持和完善中国特色社会主义生态文明制度，坚定社会主义生态文明制度自立，增进社会主义生态文明制度自觉，筑牢社会主义生态文明制度自信，这是从根本上回答了"人类向何处去""社会主义向何处去""中国共产党向何处去"等一系列的重大问题。

一、坚定中国特色社会主义生态文明制度自立

制度属于社会历史范畴，是人类社会发展到一定阶段的产物，也是一个社会发展进步的基本遵循。制度文明既是制度建设、制度创新的结果，又必须通过制度建设、制度创新得以体现。制度文明在整个人类文明中具有重要的地位，一个国家或一个社会需要什么、重视什么直接决定着这一国家或这一社会对制度的选择。正如马克思指出的那样："生产关系总合起来就构成所谓社会关系，构成所谓社会，并且是构成一个处于一定历史发展阶段上的社会，具有独特的特征的社会。"① 因此，无论哪种制度，都是人与自然、人与人、人与社会关系的集中体现。

（一）中国特色社会主义生态文明制度是人类制度文明的伟大创举

"文明"与"野蛮"相对，它是指人类社会发展、进步的状态，是人类认识世界和改造世界的积极成果。人类从野蛮时代进入文明时代是一个划时代的大进步，人类社会在长期的历史发展过程中形成了多样的文明形

---

① 马克思恩格斯文集（第 1 卷）[M]. 北京：人民出版社，2009:724.

态，与此同时，在不同的历史发展阶段，文明也会呈现不同的具体形态。马克思和恩格斯将文明与社会形态相联系，将人类社会划分为奴隶社会的文明、封建社会的文明、资本主义文明以及社会主义文明，揭示了社会文明发展的一般规律。事实上，"文明"是一个整体性的概念，社会的文明进步往往表现在物质资料生产、精神文化生活及社会制度建设等方面，具体反映了社会在物质文明、精神文明、制度文明等领域的进步。

人们总是生活在特定的社会制度之中，一个政权稳固、社会安定、人民幸福的国家，始终要以社会制度为根基。建立什么样的社会制度，这是事关民族兴衰和人民幸福与否的重大问题。鸦片战争以来，腐朽的封建制度难以挽救中华民族被奴役、被压迫的命运，而近代无数仁人志士为了改变民族命运进行了不懈努力，但均以失败告终。中国共产党自成立以来，始终坚持以马克思主义为指导，带领中国人民经过伟大实践，最终建立了人民当家做主的社会主义制度。中国特色社会主义的国家制度符合人类社会发展的基本规律，社会主义制度具有强大的、更持久的生命力。

生态文明制度是中国特色社会主义生态文明建设的核心内容，也是建设中国特色社会主义制度文明的重要内容之一。生态文明制度既是维护人与自然关系的重要举措，又是正确处理人与人、人与社会关系的基石，更是推动人类社会发展进步的关键所在。社会主义生态文明制度具有显著的特点：一是坚定的人民立场。制度文明要以维护整个人类的利益为前提，而不是为了少部分人的私利。人民才是国家真正的主人，制度保护最大多数人的利益，社会主义制度的出发点和落脚点始终都是人民群众的立场；二是制度的科学性。制度属于社会意识，是对社会存在的反映。正确的社会意识能够推动社会的发展，否则，将会阻碍社会的发展。社会主义制度是科学的、有生命力的制度，社会主义制度能够推动社会的全面发展、极大地提高人民群众的生活水平；三是制度的严格执行。制度的生命力在于执行，生态文明制度执行越有力，生态文明治理就越有效。构建中国特色社会主义生态文明制度就是不断满足人民对美好生活环境的需要，不断将制度优势转换为治理效能，努力构建人与自然和谐与共的社会，实现和谐美丽的中国梦。

（二）中国特色社会主义生态文明制度是理论创新与实践创新的统一

一个国家的制度反映着其特定理论与实践创新。中国特色社会主义生态文明制度建设，是中国共产党带领中国人民立足中国实际、经过长期实践形成的产物，是新时代党和国家事业发展的重要内容。[①]生态文明制度建设的逻辑起点是快速工业化建设所带来的资源环境问题及其与经济、政治、文化、社会发展的高度关联性问题。我国把生态文明制度建设放在更突出的位置，不断坚持和完善新时代中国特色社会主义生态文明制度，把生态文明和中国特色社会主义制度有机联系起来，并将生态文明制度建设作为丰富和发展中国特色社会主义制度的重要内容之一。

实践是人类认识世界、改造世界的重要活动，是人类社会生活的基本内容。实践是马克思主义的核心命题，马克思主义的实质就是实践的唯物主义。中国特色社会主义生态文明建设具有鲜明的客观性、能动性及社会历史性等特点。一方面，生态文明制度建设是人们现实社会生活中的具体活动；另一方面，生态文明制度建设是人们改造世界的活动。

理论是现实的关照，我们解决生态环境问题要以生态文明理论为先导。没有生态文明理论的创新发展，生态文明建设就会失去方向、停滞不前，最终阻碍党和人民事业的发展进步。与之相对，实践是检验理论的唯一可靠的标准，中国特色社会主义生态文明建设是从愿景到现实的伟大实践。因此，我们需要根据新时代生态环境问题变化的具体实际，"不断深化认识，不断总结经验，不断进行理论创新，坚持理论指导和实践探索辩证

---

① 习近平.推动我国生态文明建设迈上新台阶[J].求是，2019（03）:4-19.

统一，实现理论创新和实践创新良性互动"①。

（三）中国特色社会主义生态文明制度是社会主义制度文明的重要内容和实现形式

所谓制度文明，顾名思义，就是"文明的制度"，它是指"合理的、科学的、进步的、合乎人类经济与社会发展规律、有生命的、为人民大众向往、追求和拥护的制度"②。换言之，制度文明就是好的制度，就是人民喜欢的、人民赞同的制度。

生态文明是人类发展的新阶段，是一种人与自然和谐的文明新形态。生态文明建设是一场涉及生产方式、生活方式的深刻社会变革，要实现这样的伟大变革，必须依靠制度。一个国家的制度建设，有其内在的价值取向，明确了由谁确立、为谁服务及其发展方向，国家制度从根本上决定着国家发展的趋势和走向。中国特色社会主义制度体系是包括经济、政治、文化、社会、生态文明等各领域的机制体制、法律法规安排，是一套紧密联系、相互协调的制度。

判断一种制度的优劣，关键在于该制度能否发展社会生产力，是否有利于提高人民群众的生活水平。中国特色社会主义生态文明制度的优劣，中国人民自己最有发言权。我们"完善和发展中国特色社会主义制度、推进国家治理体系和治理能力现代化，这是坚持和发展中国特色社会主义的必然要求，也是实现社会主义现代化的应有之义"③。生态文明制度建设作为社会主义制度文明的重要内容，是中国特色社会主义制度文明的具体化。事实证明，中国特色社会主义生态文明制度建设能够促进党和国家事

---

① 中共中央文献研究室.习近平关于社会主义文化建设论述摘编[M].北京：中央文献出版社，2017:65.

② 董建新.制度与制度文明[J].暨南学报（哲学社会科学），1998（01）:8-13.

③ 习近平谈治国理政[M].北京：外文出版社，2014:104.

业长久发展，促进人与自然和谐相处，能够满足人民对美好生活的需要。在这一意义上，中国特色社会主义生态文明制度就是人民期待的、人民赞同的、人民喜欢的制度形式。当然，生态文明制度建设的实现过程，就是一个不断制定、丰富、完善制度的过程，制度完善和发展的过程也是将制度优势转换为治理效能的过程。

二、增进中国特色社会主义生态文明制度自觉

一个国家的强大不仅体现在经济实力的优势上，更体现在制度竞争的优势上，而制度优势是一个国家最大的、最根本的优势。充分发挥生态文明制度优势、促进生态文明制度创新发展，我们既要坚定社会主义生态文明制度自信，还要克服社会主义生态文明制度自发状态，更要不断增强社会主义生态文明制度自觉。好的制度是科学的制度，是能够得到人民赞许、深受人民拥护的制度，正如邓小平指出的："制度好可以使坏人无法任意横行，制度不好可以使好人无法充分做好事，甚至会走向反面。"[1] 制度是一个社会能否发展进步的根本所在，是事关国家长治久安、民族命运、人民幸福的重大问题。制度自觉就是对制度作用、演进规律、完善创新的准确把握和责任担当。生态文明制度具有强大生命力，这源于"中国特色社会主义制度和国家治理体系是以马克思主义为指导、植根中国大地、具有深厚中华文化根基、深得人民拥护的制度和治理体系"[2]。它既能重塑人与自然的和谐关系，又能推动中华民族的发展与进步。

（一）我国生态文明制度以马克思主义为指导

公平正义是人类社会的基本问题，正义是社会主义的应有之义，生态

---

① 邓小平文选（第 2 卷）[M]. 北京：人民出版社，1994:333.
② 中国共产党第十九届中央委员会第四次全体会议文件汇编 [M].北京：人民出版社，2019:5.

正义是社会主义现代化建设的重要内容之一。恩格斯曾告诫："我们决不像征服者统治异族人那样支配自然界，决不像站在自然之外的人似的去支配自然界。"[①] 生态正义是马克思主义生态思想的重要议题。马克思主义的生态正义思想体现在三个方面：一是社会生态关系上的公平正义。人的本质是一切社会关系的总和，社会关系包括了人与自然、人与人、人与社会的关系。人类的生存发展离不开自然界，自然界为人类发展提供了资源，但人类发展不能以损害自然环境为代价。人类发展不能把自然界既当"水龙头"又当"污水池"，正确处理人与自然的关系是社会发展的前提，弱化甚至忽略人与自然的关系，必然遭受自然的惩罚。二是生态正义是社会正义的重要组成部分。社会正义包括合理政治诉求的满足、社会财富的分配公平、公平的社会保障及生态环境的正义等。生态正义无法实现，意味着人们在利用自然资源和保护生态环境方面未能实现公平，社会正义必将无法完全实现。三是生态正义是现实的、具体的。生态正义不仅体现在价值诉求方面，而且体现在具体的实践中。生态正义涉及人们生产、生活的各个方面，实现生态正义成为人类社会发展的必然选择。

一般而言，生态正义包括种际生态正义、代内生态正义和代际生态正义。实现社会主义生态正义，就是以社会主义生态文明制度为保证。生态系统是一个有机的大系统，生态文明建设既要保护生物多样性，又要保证同代人发展的公平，更要满足后代人的需要。资本主义的生态正义是一种"形式上"的正义，旨在维护少数资产阶级的利益，"生态帝国主义"难以掩盖其反生态的本质，它具有一定欺骗性。与之相反，社会主义生态正义是一种"实质上"的正义，它维护绝大多数人民群众的利益，不断满足人民群众对美好环境的向往。

---

① 马克思恩格斯文集（第9卷）[M].北京：人民出版社，2009:560.

（二）我国生态文明制度以我国的历史传统和现实国情为基础

中国是一个具有五千年悠久历史的文明古国，生态文明是中华民族一以贯之的文化传承。《老子》《孟子》《荀子》等众多经典著作中大量论述了"天人合一"思想，强调把人的发展和自然界的发展紧密联系在一起，遵循自然规律，利用自然资源要取之有时、用之有度，彰显了中国古人对人与自然关系的正确认识。中国古代很早就设置了掌管山川林泽湖的虞衡制度，这种制度一直延续到清代。中国古代社会颁布了众多保护自然环境的律令，客观上保护了生态环境。当然，我国古代一些地区也存在违背自然规律和遭受自然惩罚的惨痛教训。例如，丝绸之路上的楼兰古国的消失；黄土高原曾是水丰草茂的盛景，由于毁林开荒、乱砍滥伐，使得生态环境遭到严重破坏。

总体而言，我国生态环境系统较为脆弱。例如，黄土高原、东北黑土区、石漠化等区域水土流失问题依然突出。[①]党的十八大以来，国家"制定了40多项涉及生态文明建设的改革方案，从总体目标、基本理念、主要原则、重点任务、制度保障等方面对生态文明建设进行全面系统部署安排"[②]，我国生态环境质量持续好转，出现了稳中向好趋势。目前，中国特色社会主义生态文明建设正处于压力叠加、负重前行的关键期，已进入为满足人民日益增长的良好生态环境需要的攻坚期，也到了解决生态环境问题的决胜期。只有制定更加科学、人民满意的生态文明制度，才能为建设人与自然和谐与共的现代化提供制度基础。

（三）我国生态文明制度是历史的选择和人民的选择

中国特色社会主义制度是近代中国人民在不断探索民族复兴之路的进程中建立起来的，是中国人民主动选择了科学社会主义，在基于中华民族

---

① 王浩，任明珠.因地制宜、分区施策——七年，水土流失面积减少二十一万平方公里 [N].人民日报，2019-07-02（012）.

② 习近平.推动我国生态文明建设迈上新台阶 [J].求是，2019（03）:4-19.

历史传承的自觉之上，经过长期伟大实践的必然结果。中国特色社会主义是由无产阶级领导的，人民始终是国家的主人，中国共产党始终是最广大人民利益的代表，坚持为中国人民谋幸福、为中华民族谋复兴、为世界人民谋大同。生态文明制度是中国特色社会主义制度的重要组成部分，是中国共产党领导中国人民在进行社会主义现代化建设过程中形成的。建设社会主义生态文明符合中国人民和世界人民的根本利益，用制度保证生态文明建设，这既是历史的选择，也是人民的选择。

历史的主体是人民，历史的选择就是人民的选择。优良的生态环境是人民对美好生活的需求，生态文明制度需要满足人民群众对美好生活的制度期待。新中国成立 70 多年来，在中国共产党的领导下，我国实现从站起来、富起来再到强起来的伟大历史转变。实践证明，中国特色社会主义制度具有无可比拟的优越性，中国特色社会主义制度是得到人民群众热爱、支持、拥护的制度。邓小平指出："我们的政策不会变，谁也变不了。因为这些政策见效、对头，人民都拥护。既然是人民拥护，谁要变人民就会反对。"① 新时代人民群众对美好生活环境的需求，是中国共产党始终不渝的奋斗目标。

历史和人民的选择不是一劳永逸、一成不变的。当今世界处于大变革、大发展、大融合的新时代，整个世界已经成为"你中有我、我中有你"的人类命运共同体。快速的工业化进程导致了全球性生态环境问题的产生，生态环境问题成为全世界人民面临的共同难题。依据马克思主义、历史文化传统及中国具体实际，我们率先提出建设社会主义生态文明，建设人与自然和谐与共的美丽家园。事实证明，先污染、后治理的传统发展模式已经不适合中国国情，中国人民不会赞同，更不会答应。

---

① 邓小平文选（第 3 卷）[M]. 北京：人民出版社，1993:72.

三、筑牢中国特色社会主义生态文明制度自信

新中国成立 70 多年来，我国环境保护事业和生态文明建设取得了显著成就，源自中国共产党领导中国人民形成、坚持、发展了中国特色社会主义制度体系，形成和发展了中国特色社会主义经济、政治、文化、社会治理、生态文明、党的建设、科技等方面的制度。事实胜于雄辩，"当今世界，要说哪个政党、哪个国家、哪个民族能够自信的话，那中国共产党、中华人民共和国、中华民族是最有理由自信的"①。

（一）社会主义生态文明制度自信的核心要义

"自信"，顾名思义，就是指相信自己。自信是意志坚定和意识自觉的体现。人无自信，无以自进；国无自信，无以自强。制度自信就是对制度效能和制度价值的积极肯定。制度自信是一个国家、民族、政党对本国制度的高度认可和充分肯定，也是对本国制度当前以及未来发展进程的准确把握，更是对本国制度具有长久生命力的坚定信仰。

坚定中国特色社会主义制度自信，是指中国共产党领导中国人民始终对社会主义制度的充分肯定和社会主义制度必将替代资本主义的坚定信念。中国共产党领导中国人民始终对社会主义科学性的坚持，始终坚信中国特色社会主义制度符合我国国情，始终坚信社会主义制度是人类制度文明史上的最新产物，始终坚信社会主义制度是人类社会发展进步的必然选择，始终坚信社会主义终将代替资本主义。中国特色社会主义制度，是由根本制度、基本制度、重要制度组成的一整套制度体系，"我们坚定制度自信，就是始终对中国特色社会主义制度体系的总体自信。"②

习近平总书记指出："衡量一个社会制度是否科学、是否先进，主要看

---

① 习近平谈治国理政（第 2 卷）[M]. 北京：外文出版社，2017:36.
② 张建，聂启元. 论中国特色社会主义制度自信的科学内涵 [J]. 中共郑州市委党校学报，2014（02）:19-23.

是否符合国情、是否有效管用、是否得到人民拥护。"①中国特色社会主义进入新时代，我们把生态文明纳入我国社会主义事业"五位一体"总体布局和"四个全面"战略布局的重要内容，把生态文明制度建设摆在更加突出的位置，争取早日实现美丽中国的目标。生态文明制度建设是生态文明建设的核心内容，生态文明建设要以制度和法治为根本保证，因为"中国特色社会主义制度是当代中国发展进步的根本制度保障，是具有鲜明中国特色、明显制度优势、强大自我完善能力的先进制度"②。我们坚信通过构建生态文明制度体系能够实现人与自然的和谐相处，能够不断满足人民群众对美好生活环境的制度期待，能够充分彰显社会主义制度对资本主义制度的优越性。

（二）社会主义生态文明制度自信的根源

中国特色社会主义生态文明制度建设不是无源之水、无本之木。习近平总书记指出："中国特色社会主义制度和国家治理体系不是从天上掉下来的，而是在中国的社会土壤中生长起来的，是经过革命、建设、改革长期实践形成的，是马克思主义基本原理同中国具体实际相结合的产物。"③坚定中国特色社会主义生态文明制度自信，源于马克思主义科学理论、生态文明的伟大实践、民族文化基因的传承、人民为中心的价值取向及兼收并蓄的开放观念。

第一，生态文明的制度自信，源于科学的理论指导。始终高举马克思主义大旗，是中国特色社会主义生态文明制度的精神之魂。马克思主义是科学的理论体系，是全人类的宝贵的财富，辩证唯物主义和历史唯物主

---

① 习近平.坚持、完善和发展中国特色社会主义国家制度与法律制度[J].求是，2019（23）:4-8.

② 习近平谈治国理政（第2卷）[M].北京:外文出版社，2017:51.

③ 习近平.坚持和完善中国特色社会主义制度推进国家治理体系和治理能力现代化[J].求是，2020（01）:4-13.

义为人类社会发展提供了科学的世界观和方法论。无疑，马克思主义的生态思想、制度理论为我国生态文明制度建设提供了直接的理论指引。坚持马克思主义的科学指引，坚持科学社会主义，让我们正确把握历史发展规律，发挥社会主义的优势以推动历史进步。习近平生态文明思想是马克思主义中国化的最新的理论成果，是当代中国马克思主义和21世纪马克思主义的重要内容，是我国生态文明建设的总纲领，不断指引新时代中国特色社会主义生态文明制度建设更加成熟、更加定型。

第二，生态文明的制度自信，源于对历史经验的深刻总结。生态文明制度建设从来不是简单理论抽象的产物，而是党和人民长期实践的结果。问题是时代的声音，习近平总书记指出："在认识世界和改造世界的过程中，旧的问题解决了，新的问题又会产生，制度总是需要不断完善，因而改革既不可能一蹴而就、也不可能一劳永逸。"① 新中国成立70多年来，推进生态环保事业和生态文明建设，中国共产党领导中国人民实现了一个又一个胜利，创造了一个又一个奇迹。例如，国家对黄河、淮河的有效治理，实施三北防护林工程，实施南水北调工程，等等。

第三，生态文明的制度自信，源于我国深厚的历史底蕴。生态文明是中国首创的科学理论，这与中国人民向来热爱自然、遵循自然规律密切相关。习近平总书记指出："一个国家选择什么样的制度和治理体系，是由这个国家的历史文化、社会性质、经济发展水平决定的。"② 我国是一个有着五千年历史的文明古国，自古以来中国人民就把自己的发展同保护生态环境紧密联系起来，尊重自然规律，利用自然资源能够取之有时、用之有度。这是中华民族和中华文明得以长久发展的内在逻辑和历史逻辑，推动马克思主义的本土化、时代化、大众化，注定了我们必然选择走适合中国

① 习近平谈治国理政 [M].北京：外文出版社，2014:74.
② 习近平.坚持和完善中国特色社会主义制度推进国家治理体系和治理能力现代化 [J].求是，2020（01）:4-13.

国情的发展道路。

第四，生态文明的制度自信，源于以人民为中心的价值取向。人是社会的主体，人民群众是历史的创造者，也是人类社会发展的推动者。在中国特色社会主义制度下，无产阶级是领导阶级，人民群众始终是国家的主人。生态环境是一个国家和地区综合竞争力的重要组成部分，也是人民群众基本生存条件和生活质量的重要保证。

第五，生态文明的制度自信，源于海纳百川的包容精神。中国特色社会主义生态文明制度的优势，就是坚持改革创新、与时俱进，善于自我完善、自我发展。中国"风景这边独好"与"西方之乱"形成鲜明对比。我们坚持和完善中国特色社会主义生态文明制度，我国生态文明建设之路必将越走越宽广，也为建设美丽地球贡献更多智慧、更大力量。

（三）增强社会主义生态文明制度自信的路径

社会主义社会是不断发展的，"坚定制度自信的最深厚根源在于对制度发展的成功实践的充分肯定和对未来实践发展的信心。"[1] 增强新时代中国特色社会主义生态文明制度自信，我们就需要旗帜鲜明地"坚持什么、反对什么"，诚如习近平总书记指出的："全党要更加自觉地坚持党的领导和我国社会主义制度，坚决反对一切削弱、歪曲、否定党的领导和我国社会主义制度的言行。"[2]

第一，理论引领是坚定生态文明制度自信的灵魂。坚定生态文明制度自信需要以理论引领为灵魂，这一引领就是进一步丰富和发展中国特色社会主义理论。中国特色社会主义理论体系，是中国特色社会主义的理论形态，习近平新时代中国特色社会主义思想是马克思主义中国化最新的理论成果。中国特色社会主义进入新时代，生态文明制度建设以习近平新时

---

① 肖贵清.中国特色社会主义制度自信的基础 [J].新视野，2013（05）:9-10.

② 习近平.决胜全面建成小康社会 夺取新时代中国特色社会主义伟大胜利——在中国共产党第十九次全国代表大会上的报告 [M].北京：人民出版社，2017:15.

代中国特色社会主义思想为理论指引。正是在习近平生态文明思想的指引下，我们形成了关于怎样建设生态文明、怎样发展生态文明的一系列重要举措。

第二，制度优势是坚定生态文明制度自信的基础。坚定生态文明制度自信要以彰显制度优势为基础。新中国成立 70 多年来，生态文明建设所取得的伟大成就，归根到底就在于我国国家制度和国家治理体系显著优势的支撑。制度优势是一个国家的根本优势，一个国家的制度越完善，所取得的成效越显著。"中国之治"是中国制度的强大生命力和显著优越性的集中体现，而"西方之乱"则深刻反映了西方制度的固有矛盾。新时代用制度优势引领中国持续发展，进一步彰显社会主义对资本主义的制度优越性。

第三，全面深化改革是坚定生态文明制度自信的关键。坚定制度自信需要以深化改革为重，改革就是要完善中国特色社会主义生态文明制度。习近平总书记指出："制度自信不是自视清高、自我满足，更不是裹足不前、固步自封，而是要把坚定制度自信和不断改革创新统一起来。"[①] 中国社会主要矛盾已经转化为人民日益增长的美好生活需要同不平衡不充分的发展之间的矛盾。当然，中国特色社会主义生态文明制度同样存在不全面、不平衡、不协调的状况，需要我们进一步深化改革。

第四，加强党的领导是坚定生态文明制度自信的保障。坚定制度自信需要以党的领导为保障，这要求党在制度建设中驾驭得当。党的领导制度是根本领导制度，在中国特色社会主义科学制度体系中起决定性作用。坚持和完善党的领导制度，是推进我国生态文明建设的关键所在，是党和国家事业发展的根本所在，是全国各族人民的幸福所在。建设中国特色社会主义生态文明，只有始终坚持党的领导，才能把握中华民族伟大复兴的大局，最终实现人与自然和谐与共的美丽中国梦。

---

① 习近平谈治国理政（第 2 卷）[M].北京：外文出版社，2017:289.

第二节　坚守中国特色社会主义生态文明制度 建设的基本要求

习近平总书记指出："一个民族、一个国家，必须知道自己是谁，是从哪里来的，要到哪里去，想明白了、想对了，就要坚定不移朝着目标前进。"① 在制度层面，守正更多是指坚持一个社会的根本制度、基本制度和重要制度。中国特色社会主义生态文明制度以科学社会主义为基本原则，坚持以人民为中心的价值取向，以中国共产党为领导核心。新时代我们推进中国特色社会主义生态文明建设，必须强化制度守正这个根本保障，把握好制度延续性和稳定性的机制脉络，做到守主义之本、守制度之本、守发展之本。

一、坚持用马克思主义指导中国特色社会主义生态文明制度 建设

马克思主义是科学的理论体系，也是对人类社会发展规律的系统概述。中国特色社会主义生态文明制度建设始终贯穿着马克思主义，是中国共产党创造性地将马克思主义基本原理与中国具体实际相结合的制度创新。中国特色社会主义生态文明制度是中国共产党领导中国人民长期实践的产物，符合马克思主义关于人类社会发展的基本规律和历史趋势的基本观点。中国特色社会主义还处于初级阶段，生态文明制度尚不成熟、不完善、不健全，但中国特色社会主义生态文明建设的目的与人类社会发展

---

① 习近平谈治国理政（第 1 卷）[M].北京：外文出版社，2018:171.

（共产主义）的最高理想、最终目标高度契合，其目的都是为了实现人的自由而全面的发展。社会主义的本质是解放生产力、发展生产力，生态问题归根到底就是发展问题，生态问题也应当在发展中得到解决。事实上，生态文明制度就是围绕如何实现绿色发展、可持续发展，围绕如何进一步解放生产力和发展生产力而展开的。

中国特色社会主义生态文明制度体系，深刻体现了马克思主义关于人与自然和谐相处的基本立场、观点及方法。新中国成立 70 多年来，在生态保护和环境治理领域形成了一整套相互衔接、相互联系的法律和制度体系。① 中国特色社会主义生态文明制度具有资本主义无可比拟的优越性，符合马克思主义关于社会主义终将代替资本主义的科学预判。马克思主义对资本主义进行了深刻的批判，揭示了资本主义制度不可持续的实质和鲜明的历史局限性，正如恩格斯指出："这还需要对迄今存在过的生产方式以及和这种生产方式在一起的我们今天的整个社会制度的完全的变革。"② 社会主义生态文明是人类发展的新的文明形态，是社会主义制度优越性的重要体现，符合马克思主义关于人类社会发展规律的基本论述。

历史和实践证明，理论不是用来束之高阁的，理论只有用来说服人，使之变成人的自觉行为，才会成为推动社会发展的力量。马克思说："理论一经掌握群众，也会变成物质力量。"③ 毛泽东指出："代表先进阶级的正确思想，一旦被群众掌握，就会变成改造社会、改造世界的物质力量。"④ 习近平生态文明思想是建立在对当今世界环境危机和中国国情的基础之上，深入研究生态文明制度的本质特征和制度优越性，进一步丰富和发展的中国特色社会主义制度理论。习近平生态文明思想指出了中国特色社会

① 张博颖，张立杰. 中国之治体现制度的旺盛生命力 [N]. 人民日报，2018-03-09（007）.
② 恩格斯. 自然辩证法 [M]. 于光远，等，译. 北京：人民出版社，1984:306.
③ 马克思恩格斯全集（第 3 卷）[M]. 北京：人民出版社，2002:207.
④ 毛泽东文集（第 8 卷）[M]. 北京：人民出版社，1999:320.

主义生态文明建设符合中国特色社会主义发展的一般规律，从理论上深刻阐明了中国特色社会主义生态文明建设就是从根本上维护最广大人民根本利益。

习近平生态文明思想是生态价值观、认识论、实践论和方法论的统一体，是指导中国特色社会主义生态文明制度建设的总方针、总依据和总要求。制度本身是理论与实践的统一体，制度建设具有管根本、管长远的显著特征，生态文明制度体系是中国特色社会主义制度的重要组成部分，是中国共产党对社会主义建设规律的准确把握。生态文明制度建设既要建章立制，又要构建体系，更要凸显效能，这是中国特色社会主义生态文明建设的发展诉求。中国特色社会主义制度既要加强生态文明制度体系建设，也要不断推动我国生态治理的系统性和协同性。我们推进新时代生态文明制度建设，要牢牢坚持以习近平生态文明思想为指导，践行绿色发展理念，构建国家生态治理体系，提升国家生态领域的治理能力，不折不扣、坚定有力地执行生态文明的各项制度，奋力实现人与自然和谐与共的美丽中国梦。

二、坚持党对中国特色社会主义生态文明制度建设的统领地位

中国最大的国情就是中国共产党的领导，生态文明制度建设最大的特色就是坚持中国共产党的领导，中国共产党发挥着总揽全局、协调各方的领导核心作用。习近平指出："中国共产党领导是中国特色社会主义最本质的特征，是中国特色社会主义制度的最大优势，党是最高政治领导力量。"[①] 坚持和完善中国特色社会主义生态文明制度、推进国家生态领域治

---

① 中共中央关于坚持和完善中国特色社会主义制度、推进国家治理体系和治理能力现代化若干重大问题的决定 [M]. 北京：人民出版社，2019:6.

理体系和治理能力现代化，关键在于始终坚持好、维护好、把握好中国共产党的领导。党的领导制度是推进我国生态文明制度建设的关键所在，是党和国家事业发展的根本所在，是全国各族人民的幸福所在。

（一）党的领导制度为生态文明制度建设指明正确方向

方向决定前途，把握正确方向是推动社会发展的根本。一个国家的制度建设及治理能力，有其内在的价值取向，由谁确立、为谁服务，从根本上决定着国家治理的趋势和走向。历史和实践证明，"党的领导与中国特色社会主义制度天然一体、密不可分。只有在中国共产党的领导下，才能建立和完善中国特色社会主义制度；削弱党的领导，或者离开了党的领导，中国特色社会主义制度也就无法独立存在"①。坚持中国共产党的领导，是我们战胜一切困难，取得一个又一个重大胜利的最大法宝。建设中国特色社会主义生态文明，只有坚持党的领导，才能把握中华民族伟大复兴的大局，实现人与自然和谐与共的美丽中国梦。

生态文明是人类发展的一个新阶段，是一种人与自然和谐的文明新形态。社会主义与资本主义有着本质的区别，建立在生产资料私有制基础上的资本主义制度，由于资本逐利的本性，它在本质上是反生态的。与之相反，基于生产资料公有制的社会主义制度与生态文明建设具有高度一致性。社会主义是人类文明进步的实现形式，是人类发展进步的必然选择。始终坚持党的领导，坚持社会主义道路，是生态文明建设的正确方向，也是当代中国不断发展进步的根本指向。

（二）党的领导制度为生态文明制度建设提供科学指引

坚持中国共产党的领导，是中国特色社会主义的一项根本原则，也是马克思主义国家学说在中国的时代化、具体化。马克思指出："为保证社会革命获得胜利和实现革命的最高目标——消灭阶级，无产阶级这样组

---

① 《求是》编辑部. 中国制度成就中国之治 [J]. 求是，2020（01）:14-23.

织成为政党是必要的。"① 毛泽东在《论十大关系》的报告中提出："为了建设一个强大的社会主义国家，必须有中央的强有力的统一领导，必须有全国的统一计划和统一纪律，破坏这种必要的统一，是不允许的。"② 邓小平说："党是一个战斗的组织，没有集中统一的指挥，是不可能取得任何战斗胜利的，一切发展党内民主的措施都不是为了削弱党的必需的集中，而是为了给它以强大的生气勃勃的基础。"③ 事实证明，坚定维护党中央权威和集中统一领导，党和国家的事业就能够不断取得胜利；反之，弱化党的领导，党和国家的事业必然遭受挫折。

坚持党的领导是中国特色社会主义生态文明建设的根本优势。社会主义是全面发展、进步的，生态文明制度建设高度契合党情、国情、民情，而党的领导对生态文明制度建设起关键作用。中国共产党是中国特色社会主义事业的领导核心，发挥党总揽全局、协调各方的地位和作用，能够最大限度地整合各方资源，充分发动社会力量，为实现国家治理体系和治理能力现代化奠定坚实基础。充分发挥党的领导制度的优势，运用国家制度提升和优化社会各方面事务的能力，其目的是将国家制度优势转为治理效能。新时代推进国家生态领域治理体系和治理能力现代化，需要始终坚持习近平生态文明思想的科学指引，把推动生态文明制度优势转化为治理效能作为重要取向，通过全面深化改革取得重大突破，构建人与自然的命运共同体。

三、坚持人民立场作为中国特色生态文明制度建设的出发点和落脚点

中国特色社会主义生态文明制度贯穿着马克思主义的基本立场，把为

---

① 马克思恩格斯文集（第 3 卷）[M]. 北京：人民出版社，2009:228.
② 毛泽东文集（第 7 卷）[M]. 北京：人民出版社，1999:32.
③ 邓小平文选（第 1 卷）[M]. 北京：人民出版社，1994:233-234.

绝大多数人谋利益作为生态文明制度设计的根本原则，集中体现了中国共产党坚持人民至上，把人民利益放在首位。

（一）人民立场是生态文明制度建设的价值准则

坚持马克思主义的基本立场，就是始终坚持人民的立场。人民性是马克思主义最鲜明的理论品格，让每个人实现自由而全面的发展，是马克思毕生的不懈追求，也是马克思主义政党的永恒追求。事实上，中国共产党一经成立，就明确要建立无产阶级专政的国家，走社会主义发展之路。习近平总书记指出："我们要始终把人民立场作为根本政治立场，把人民利益摆在至高无上的地位，不断把为人民造福事业推向前进。"① 人民立场是中国共产党的根本政治立场，也是坚持和发展马克思主义的重大原则。

生态文明是一种新的文明形态，生态文明是人类发展进步的必由之路。推进生态文明建设，要以制度建设为根本保证。生态文明制度建设要以什么为基本原则？首先，人民是国家的主人，中国共产党始终是中国人民的党，中国共产党的执政必须赢民心、顺民意。人民群众是中国共产党执政的最大底气，人民群众的拥护和支持是中国共产党永葆青春的根本。历史和实践证明，人心向背决定着一个政党、一个政权的生死存亡。中国共产党之所以能从弱小走向强大、从青涩走向成熟、从小党变成大党，归根到底是因为中国共产党是为人民服务的党，与人民群众心连心、同呼吸、共命运，获得了最广大人民群众的支持。如果没有人民的支持，中国共产党就无法赢得抗日战争和解放战争的伟大胜利，更无法带领中国人民实现从站起来、富起来到强起来的历史巨变。其次，坚持人民立场，就是全心全意为人民服务。全心全意为人民服务，不是挂在嘴上、写在纸上，不是走过场、做形式，而是不断满足人民群众的需要，不断满足人民群众的物质文化、精神文化的需求。中国特色社会主义进入新时代，既要满足

---

① 习近平谈治国理政（第 2 卷）[M]. 北京：外文出版社，2017:52.

人民群众基本的生存需求，还要满足人民群众的发展需求，更要不断满足人民群众对良好生态环境的需求。再次，我们党坚持人民立场，就是充分保证人民当家做主。人民是国家的主人，我们所有的权力属于人民。解决人民群众反映最强烈、最直接、最现实的生态环境问题，就是从根本上保证人民的权力。人民代表大会制度是我国的根本制度，人大代表代表人民行使管理国家事务的权利。生态文明制度建设是民心所向，生态文明制度的制定、修改、完善就是人民行使自己权利的过程。

人民立场意味着中国共产党必须接受"人民的评判"。"人民拥护不拥护、赞成不赞成、答应不答应、满意不满意、高兴不高兴"①，这是判断中国共产党长期执政是非得失的根本标准，也是对中国特色社会主义生态文明制度进行评判的最高标准。生态文明事关民族发展大计，"把生态文明建设放到更加突出的位置。这也是民意所在"②。人民群众的肯定、满意和认可不仅是判断中国特色生态文明建设的根本依据，更是判断党能否科学执政、长期执政的根本标准和内在根据。生态文明制度建设是民心所向、众望所归，把人民的诉求充分融入生态文明制度建设的各项工作中，尤其是生态文明制度体系建设的过程中，能够进一步发挥生态文明的制度优势。

（二）人民利益是生态文明制度建设的价值取向

马克思、恩格斯在《共产党宣言》中指出："过去的一切运动都是少数人的，或者为少数人谋利益的运动。无产阶级的运动是绝大多数人的，为绝大多数人谋利益的独立的运动。"③只有坚持为人民谋利益，中国共产党才能实现作为马克思主义政党的历史使命和时代担当。人民利益无小事，

---

① 十八大报告文件起草组.十八大报告辅导读本[M].北京：人民出版社，2012:53.

② 中共中央文献研究室.习近平关于社会主义生态文明建设论述摘编[M].北京：中央文献出版社，2017:83.

③ 马克思恩格斯文集（第2卷）[M].北京：人民出版社，2009:42.

"我们任何时候都必须把人民利益放在第一位"①。良好的生态环境是人民群众生活的基本条件和进行社会生产活动的基本要素，也是广大人民群众的根本利益所在。生态环境涉及每一个人的切身利益，生态环境保护得好，全体人民都受益，一旦生态环境被破坏，全体人民的利益都将受损。生态环境的状况，直接影响着人民的生产、生活，直接影响社会发展的水平，甚至直接影响一个民族的兴衰。我国生态文明建设取得了重大进展和显著成效，生态文明制度体系更加完善，但资源日渐枯竭、生态系统退化的形势依旧严峻，直接影响着人民群众的生活质量和生活水平。干净的水源、清洁的空气、安全的食品、优美的景观，这是事关人民群众实实在在利益的大事，也是最普惠、最公平的民生福祉。

推进生态文明制度建设是中国特色社会主义的必然要求，良好的生态环境是全面建成小康社会和实现社会主义现代化的重要内容。生态环境状况的好坏，直接影响人民群众的生存状况。保护生态环境就是保护民生，改善环境就是改善民生。在这个意义上，生态环境保护工作是民生工作的重要组成部分，解决生态环境问题，就是解决基本的民生问题。推进社会主义生态文明建设就能让人民群众增强幸福感、获得感。新时代中国特色社会主义的主要矛盾发生改变，人民对美好生活环境的需求越来越高。具体而言，一方面，人民群众从过去的"盼温饱"到现在的"盼环保"，另一方面，人民群众从过去的"求生存"到现在的"求生态"。想人民群众所想，思人民群众所思，就是时时刻刻为人民谋福利，全心全意为人民服务是中国共产党对中国人民的永久承诺。

（三）人民创造是生态文明制度建设的价值追求

"历史从哪里开始，思想进程也应当从哪里开始，而思想进程的进一

---

① 习近平.始终坚持和充分发挥党的独特优势[J].求是，2012（15）:3-7.

步发展不过是历史过程在抽象的、理论上前后一贯的形式上的反映。"① 人民群众是历史的创造者，是推动社会变革的决定力量。在长期的革命、建设和改革历程中，中国共产党领导中国人民攻坚克难，取得了一个又一个胜利，根本原因就在于始终为了人民群众、相信人民群众、依靠人民群众。早在革命时期，毛泽东指出："真正的铜墙铁壁是什么？是群众，是千百万真心实意地拥护革命的群众。"② 改革开放以来，中国特色社会主义进入快速发展时期，中国特色社会主义的多项改革无不闪耀着人民群众的智慧。例如，从农村土地"包产到户"到乡镇企业异军突起，从"温州模式"到"苏南崛起"，都是人民群众的"新发明""新创造"。在生态文明建设领域，是人民群众的力量建成了"三北防护林"工程，也是人民群众的力量让毛乌素沙漠成为绿洲。事实上，"改革开放每一个方面经验的创造和积累，无不来自亿万人民的实践和智慧"③。例如，生活垃圾分类离不开人民群众。必须要发挥人民群众的力量，从"要我自觉"转变到"我要自觉"，才能取得长久的成效。

坚信人民群众是历史发展与社会进步的根本力量。"人民是历史的创造者，群众是真正的英雄。人民群众是我们力量的源泉。"④ 积极推进人与自然和谐共生，努力建设资源节约、环境友好型社会，建设美丽中国，需要激发人民群众的积极性、创造性。人民群众从来不是生态文明建设的旁观者、局外人，而是生态文明建设的参与者、受益者。人民群众是国家的主人，生态文明建设是人民的伟大事业，要充分发挥人民群众的热情，促使生态文明建设转化为全体公民的自觉行为。

---

① 马克思恩格斯文集（第 2 卷）[M].北京：人民出版社，2009:603.
② 毛泽东选集（第 1 卷）[M].北京：人民出版社，1991:139.
③ 习近平谈治国理政 [M].北京：外文出版社，2014:68.
④ 习近平谈治国理政 [M].北京：外文出版社，2014:5.

第三节　强化中国特色社会主义生态文明制度
创新的可行路径

改革创新是一个社会发展进步的内在动力，改革创新也是中华民族最鲜明的品格。《礼记·大学》记载："苟日新，日日新，又日新。"寓意不断追求进步，坚持用发展的眼光看待世界。恩格斯指出："所谓'社会主义社会'不是一种一成不变的东西，而应当和任何其他社会制度一样，把它看成是经常变化和改革的社会。"①生态文明制度是中国特色社会主义制度体系的重要组成部分，但生态文明制度既不是墨守历史的"活化石"，也不是突如其来的"飞来峰"，更不是理论抽象的"乌托邦"，而是一个动态的发展过程。② 我们解决生态环境保护问题和资源合理利用问题，需要通过坚持制度改革创新，着力固根基、补短板、强弱项，坚持系统集成、协同高效原则，推动生态文明制度更加成熟、更加定型，建设人与自然和谐与共的现代化国家。

一、创新生态文明制度建设的基本原则

社会主义生态文明是一种最新的、最先进的文明形态，建设社会主义生态文明是中国共产党和中国人民的基本共识。生态文明制度是生态文明建设的根本所在，推动生态领域治理体系和治理能力现代化，我们必须要有自己的主张和原则。中国特色社会主义生态文明制度建设要坚持以下几项原则。

---

① 马克思恩格斯选集（第 4 卷）[M].北京：人民出版社，2012:601.
② 辛鸣.中国制度的实践辩证法[J].哲学研究，2020（10）:3-13.

第一，坚持制度继承与制度创新相结合。新中国成立以来，我国生态文明制度建设成效显著，已经建立一整套的法律法规以及相关制度体系。在中国共产党坚强的领导下，我们推进新时代中国特色社会主义生态文明制度建设，既坚持已有合理的制度，又不断改革落后的制度，更适时制定新的制度，以满足生态文明建设的制度需求。

第二，坚持"顶层设计"与"摸着石头过河"相结合。改革是由问题倒逼的必然结果。生态文明制度建设是一项系统工程，"顶层设计"就是站在中国特色社会主义事业的全局高度，不断补齐生态文明制度建设的短板、弱项。中国特色社会主义生态文明建设是一项开创性的伟大事业，社会主义生态文明制度建设没有现成的模板可用、没有成熟的经验借鉴，我们必须"摸着石头过河"，在实践中不断开拓创新。

第三，坚持国际经验与国内经验相结合。中国制度具有开放包容、交流互鉴、兼收并蓄的品格。新时代生态文明制度建设需要充分吸收和借鉴国外环境保护制度建设的成果和经验，合理借鉴人类一切文明成果，以促进自身的发展。同时，研判我国生态文明制度建设的现状，从需求与供给两方面厘清我们面临的问题，明确我们的优势与不足，不断坚持和完善具有"中国特色"的生态文明制度体系。

二、创新生态文明制度建设的基本思路

守正是创新的重要前提，创新是实现守正的手段。我们既要坚守生态文明制度建设的"大道"，又要探寻生态文明制度建设的"谋术"，遵循自然发展规律和人类社会发展规律，始终做到守正创新。习近平总书记指出："我们全面深化改革，不是因为中国特色社会主义制度不好，而是要使它更好。"[①] 制度改革是中国的"第二次革命"，是对生产关系的调整，是社会

---

① 中共中央文献研究室. 习近平关于全面深化改革论述摘编 [M]. 北京：人民出版社，2014:22.

主义制度的自我完善、自我发展。新时代生态文明制度改什么、怎么改、往哪改，我们必须要有方向、有主张、有定力、有担当。生态文明建设是一个新鲜事物，生态文明制度建设同样处于探索发展阶段。实际上，我国生态文明建设落后于经济建设、政治建设、文化建设、社会建设，而生态文明制度改革也同样落后于经济制度改革、政治制度改革、文化制度改革、社会建设制度改革。制度建设是一个国家得以发展进步的根本所在，制度改革要以推动生产力发展和人民生活水平为标准。

推进中国特色社会主义生态文明建设是国家发展的大势所趋、民心所向。在新的历史起点上，全面深化生态文明体制改革是全面建成小康社会、建设富强民主文明和谐美丽社会主义现代化国家、实现中华民族伟大复兴梦的关键环节和重要举措。中国特色社会主义进入新时代，满足人民群众对美好生活环境的期待，关键在于深化生态文明制度创新，用制度保障中国特色社会主义生态文明建设行稳致远。

其一，始终坚持党对生态文明制度建设的全面领导。中国共产党是中国特色社会主义事业的领导核心，是中国特色社会主义的最本质的特征。生态文明制度建设要充分发挥党总揽全局、协调各方的最大优势，实现宏观与微观、中央与地方、集体与个人的统一，正确处理经济社会发展与满足人民群众美好生活需求的关系。全面深化生态文明体制改革是全面深化改革的重要内容和新的举措，加快形成更加成熟、定型的生态文明制度是我们的奋斗目标，这些归根到底都离不开以习近平同志为核心的党中央的全面领导。

其二，"五位一体"制度体系的良好耦合。马克思主义认为，人类社会是由各部分相互联系和相互作用组合而成的有机体。生态文明建设涉及经济、政治、文化和社会建设等多个维度，这多个维度之间是相互联系和彼此制约的，从整体上构成"五位一体"的发展总格局。其中，经济建设是生态文明建设的前提条件，政治建设是生态文明建设的价值指向，文化建设是生态文明建设的理论基础，社会建设是生态文明建设的发展核心。生态文明制度是中国特色社会主义制度中最为重要的、基础性的制度之一，生态文明制度建设也融合于中国特色社会主义经济制度建设、政治制度建设、文化制度建设、社会制度建设之中，构成交融互补、系统综合的制度建设。因此，我们既要加强生态文明制度创新，也要注重具体制度之间的整体性、系统性和协同性，更要注重在经济社会发展的各领域和全过程形成有机衔接、相互配套，推动"五位一体"制度的耦合，形成最优的制度合力。

其三，生态文明制度体系内的衔接整合。生态文明制度建设是一项系统工程，生态文明制度是一个有机的整体。一方面，生态文明制度既包括宏观层面的制度，又包括微观层面的制度。在宏观层面上，我国通过全面深化改革，加快推进生态文明顶层设计和制度体系建设，制定了几十项涉及生态文明建设的改革方案，对生态文明建设进行全面系统部署安排，为加快建立系统完整的生态文明制度体系明确方向；在微观层面上，国家制定和出台了一系列关于生态文明建设的具体制度，对生态文明建设提供了具体的规范指引。另一方面，生态文明制度既有国家层面的制度，又有地方政府根据实际出台的制度。在中央层面，党和国家总揽全局、统领各方，确保生态文明建设朝着正确的方向推进，从整体上把握生态文明建设的基本规律，不断提高党的执政能力和生态治理能力，实现人与自然和谐与共的美丽中国梦；在地方层面，生态文明制度优势、制度效能的发挥，离不开制度的有效实施和有力执行。生态文明制度建设只有自上而下与自下而上相结合，才能形成良性互动的新格局。

三、创新生态文明制度建设的重要举措

相比于突变式的社会革命，制度改革、制度创新则是在社会基本制

度不变的情况下进行的制度调整，以适应社会生产力的发展要求。马克思在《哲学的贫困》中指出："只有在没有阶级和阶级对抗的情况下，社会进化将不再是政治革命。"① 也就是说，在一个没有阶级对抗的社会中，制度创新就是对生产关系的局部变革，以适应生产力的发展要求，达到社会制度变迁的目的。先进的社会制度是推动社会发展的动力源，是实现人们对美好生活向往的根本保障。生态文明制度是一个不断演进的过程，是一个在继承中不断创新的过程。一个国家只有建立起系统完备、科学规范、运行有效的制度，才能形成最大的制度优势、治理效能。生态文明制度创新是一场涉及生产方式、生活方式的深刻变革，也是长期的、方向的、战略的社会发展目标。在这个意义上，我们不仅要注重生态环境保护制度本身的创新，而且要将其纳入经济、政治、文化、社会、科技等其他制度在内的，一整套紧密相连、相互协调的整体性制度创新之中。

（一）始终坚持以习近平生态文明思想为根本遵循

马克思说："理论在一个国家实现的程度，总是决定于理论满足这个国家需要的程度。"② 推进生态文明制度创新，离不开习近平生态文明思想的根本指导。2018 年 5 月，习近平总书记在全国生态环境保护大会上对我国生态文明建设进行了全面、系统、科学的理论阐释和实践指引，标志着习近平生态文明思想的成熟。习近平生态文明思想是马克思主义中国化最新的理论成果，是新时代中国特色社会主义生态文明建设的根本遵循。贯彻和落实习近平生态文明思想，不断构建生态文明制度体系，是我们始终坚定中国特色社会主义道路自信、理论自信、制度自信及文化自信的题中之义。

习近平生态文明思想内涵丰富、逻辑严谨、意蕴深邃，对中国特色社

---

① 马克思恩格斯选集（第 1 卷）[M]. 北京：人民出版社，2012:275.

② 马克思恩格斯选集（第 1 卷）[M]. 北京：人民出版社，2012:11.

会主义生态文明建设进行了顶层设计和全面部署，从根本上回答了新时代
"为什么建设生态文明、建设什么样的生态文明、怎样建设生态文明"等
重大理论问题和实践问题。习近平生态文明思想是我国生态文明建设的思
想指引，生态文明制度思想是习近平生态文明思想的重点。中国特色社会
主义制度能够管长远、治根本，实现生态文明领域国家治理体系和治理能
力现代化，把生态文明制度优势更好地转化为更大的治理效能，我们要始
终坚持以习近平生态文明思想为最高指引，不断推动我国生态文明制度创
新发展。

（二）以党的自我革命推动生态文明制度改革

生态文明建设是事关国家兴旺发达、社会稳定、人民幸福的根本大
计。生态环境问题不仅是经济问题、社会问题，也是重大的政治问题。建
设美丽中国既是中国共产党对中国人民的承诺，也是对全人类的重大贡
献。我们唯有以自我革命的勇气和底气，用生态文明制度体系为美丽中国
建设保驾护航，才能兑现对中国人民的郑重诺言、不辜负世界人民的期
望。我们正处于大力推进社会主义生态文明建设的新时代，为实现中华民
族伟大复兴美丽中国梦的战略愿景，党和国家需要通过制度改革、制度创
新，构建生态文明制度体系，以保障中国特色社会主义生态文明建设行稳
致远。

习近平总书记指出："地方各级党委和政府主要领导是本行政区域生态
环境保护第一责任人，对本行政区域的生态环境质量负总责，要做到重要
工作亲自部署、重大问题亲自过问、重要环节亲自协调、重要案件亲自督
办，压实各级责任，层层抓落实。"① 为了加快绿色低碳、可持续发展，推进
我国生态文明建设，明确地方政府及党政领导干部的具体职责，国家先后
出台了一系列严格的政策举措。

---

① 习近平. 推动我国生态文明建设迈上新台阶 [J]. 求是，2019（03）:4-19.

（三）构建生态产业化和产业生态化发展机制

生态问题的本质是发展问题，要从根本上解决生态问题就是要实现绿色发展、循环发展、可持续发展。生态环境保护与经济发展密不可分，生态文明建设无法脱离经济发展，生态文明制度改革同样无法脱离经济建设。中国特色社会主义进入新时代，中国特色社会主义事业进入新的发展阶段，意味着我们需要破解生态环境保护与经济社会发展的矛盾，满足国家发展的需要、人民美好生活的需要。

习近平总书记指出："保护生态环境就是保护生产力、改善生态环境就是发展生产力。"[①] 一方面，生态环境为社会生产力发展提供了各种自然要素资源，人类解放生产力、发展生产力就是利用自然资源的过程，实现人与自然之间能量资源的转化过程。良好的生态环境就是我们最宝贵的资源和最大的财富，我们在保护生态环境的基础上因地制宜地开发生物资源、生态旅游、生态康养等产业，促使生态优势转变为经济优势。另一方面，伴随社会生产力水平的提高，人们提高了对自然资源的利用效能的同时，也提升了保护自然的能力。

践行绿色理念的过程就是走生态产业化与产业生态化的发展之路。生态产业化就是将优良的生态环境，利用市场手段，实现商品化的过程。通过完善生态产品的价格机制，明确生态资源的产权制度，建立生态资源的有偿利用制度，实现经济效用最大化。产业生态化就是遵循人类社会发展规律，建立资源节约型的结构，建立起生态化的标准，提高资源利用率，最大限度地减少对环境资源的破坏，实现人口、资源、环境的可持续发展的进步状态。推进生态产业化与产业生态化发展，这是社会主义实现绿色发展、可持续发展的必然选择。

---

① 习近平谈治国理政 [M]. 北京：外文出版社，2014:209.

（四）以文化赋能推动生态文明制度建设

生态问题本质上并不是生态自身的问题，归根到底是涉及人自身存在与发展的问题。《联合国可持续发展 21 世纪议程》中明确指出："教育是促进可持续发展和提高人们解决环境与发展问题的能力的关键。"[①] 如果人们能够从思想上充分认识到生态文明建设的迫切性和重要性，在生态文明制度建设上就能更好地发挥主动性、自觉性、创造性，就能够在探索和遵循社会发展规律的基础上，自觉地以绿色发展理念指导实践，形成节约资源和保护生态环境的良好局面。中国特色社会主义生态文明制度建设需要把生态文明全方位融入社会主义文化建设的各方面和全过程，而生态文明建设融入文化建设各方面和全过程的落脚点是大力发展生态文化。

文化是人的观念和习惯的总和，通过文化的力量改变我们生存和发展的环境。生态文明不是盲目发展而来的，而是我们不断开拓创新的结果。生态价值理念是中国特色社会主义生态文明制度建设的思想基础，它为生态文明制度建设确立正确的价值方向。推进新时代中国特色社会主义生态文明制度建设，我们需要"通过生态制度和生态文化的协同推进，实现生态文化理念与制度的融合"[②]，改变人们的生产方式、生活方式和消费方式，因为"制度是行为规则，并由此而成为一种引导人们行动的手段"[③]。

生态文化是生态文明制度建设的内核，过去已经制定的或未来将要制定的生态文明制度，都是人们将自己对自然环境的热爱与认同转化为外在制度的过程。生态文明制度不仅仅涉及制度层面，故而应将生态文明建设用文化因素加以考量，用文化支撑生态文明制度建设，探求文化赋能助力

①　万以诚，万岍．新文明的路标——人类绿色运动史上的经典文献 [M].长春：吉林人民出版社，2000:92.

②　尚晨光，赵建军．生态文化的时代属性及价值取向研究 [J].科学技术哲学研究，2019（02）:114-119.

③　（德）柯武刚，史漫飞．制度经济学——社会秩序与公共政策 [M].韩朝华，译．北京：商务印书馆，2000:112.

生态文明制度建设。[①] 我们需要通过建立健全生态文明教育制度，积极采取多样化的教育手段，培育人们的生态意识，进行生态伦理、生态自觉的教育，从而实现从"要我怎样"到"我应怎样"的根本转变。

（五）优化社会治理推动生态文明制度建设

生态环境问题是人类社会发展过程中产生的问题。实际上，我们往往将生态环境问题归咎于经济发展的不当，而忽视了社会治理对生态文明建设的重要作用。生态环境问题不是一个单纯的自然问题、经济问题，也是一个重要的社会问题。人既有自然属性，更有社会属性，正如马克思指出："社会是人同自然界的完成了的本质的统一，是自然界的真正复活，是人的实现了的自然主义和自然界的实现了的人道主义。"[②] 政府更注重宏观层面的生态文明建设，但生态环境往往离不开微观层面的治理。生态文明制度建设是一项系统工程，把生态制度优势转化为生态治理效能，离不开政府、企业、公众的多元协同。

事实证明，单纯依靠强制性的行政手段无法根本解决生态环境问题，更无法积极调动社会各方力量开展生态文明建设。党的十八大以来，我国加快形成"党委领导、政府负责、社会协同、公众参与"的社会治理体制，以实现社会多元治理格局。中国特色社会主义生态文明建设需要摆脱政府生态文明建设的责任困境，从根本上转变生态治理理念，寻求多元共治的生态治理新机制。我们既要发挥政府宏观调控、积极主导的作用，也要强化企业的绿色发展意识，敦促其履行应有的社会责任。我们还要充分激发社会的力量，通过优化社会治理推动生态文明制度建设，达到生态文明建设的目的。例如，我们可以充分借鉴世界环保组织、世界自然基金会、全球环境基金、国际绿色和平组织等非政府组织在保护生态环境方面

---

① 　徐忠麟，崔娜娜.生态文明制度与文化的通约与融合[J].重庆大学学报（社会科学版），2016（04）:133-139.

② 　马克思.1844 年经济学哲学手稿[M].北京：人民出版社，2000:83.

的先进经验和成功做法，通过充分利用社会组织、发动公众的力量，将环保活动逐渐制度化，进一步推动中国特色社会主义生态文明事业的发展。

（六）依靠科技创新支撑生态文明制度建设

科学技术是第一生产力，生态文明制度建设需要充分发挥科技创新引领的机制体制。生产方式的转变、产业结构的升级、绿色产品的生产、绿色出行的选择、绿色消费的形成，都需要以科学技术为重要支撑。马克斯·韦伯（Max Weber）曾指出："再没有什么神秘莫测、无法计算的力量在起作用，人们可以通过计算掌握一切。而这就意味着为世界除魅。"[①]党的十八大以后，中国特色社会主义进入了新时代，以移动互联网、云计算大数据、人工智能技术为代表的新一轮科技革命，正加速改变人们的生产方式、生活方式及思维方式。新技术能够推动我们形成绿色低碳的生产方式、生活方式，为推动我国生态环境实现根本好转奠定基础。

生态环境问题是人类社会发展过程中出现的问题，生态环境问题也必须在发展过程中加以解决，而这一问题的解决离不开科学技术的发展与运用。科学技术是解决生态环境问题的最重要的手段之一，实现科技创新与生态文明建设的紧密融合，亟待充分发挥科学技术对我国生态文明制度建设的支撑作用。具体而言，一是围绕企业生产高能耗、社会民生领域的新需要，设立重大项目研发机制，加大科技经费投入；二是注重各要素的协同，走"政产学研用"协同的一体化之路，构建绿色技术研发的制度体系；三是加快相关科技人才的培养，为生态文明建设提供可靠的技术人才保障；四是重点研究防灾减灾、资源综合利用相关的重大技术。我们既要建立更加科学、合理的机制体制，也要提高新技术研发、技术转化的能力，更要保证新技术能够更加规范、有效地应用。当然，我们应该清楚地认识到科

---

① （德）马克斯·韦伯.学术与政治 [M].冯克利，译.北京：生活·读书·新知三联书店，1998:29.

学技术不是万能的，但没有科学技术的有力支撑，建设美丽中国必然是镜中花、水中月。

（七）以国际合作推动生态文明制度建设

生态环境问题是全人类面临的共同难题，保护生态环境是世界各国的基本共识，不论是发达的资本主义国家，还是尚未完成工业化的发展中国家，都不能独善其身。整个世界是一个"你中有我、我中有你"的命运共同体，传统工业化建设思维下的生产方式、消费方式、价值理念已不合时宜，需要构建符合全人类可持续发展的新机制体制。2015 年联合国可持续发展峰会正式通过的《2030 年可持续发展议程》，进一步强调了生态环境在人类社会发展中的重要地位的同时，提供了具体实施内容，明确加大全球环境治理能力、推动生态系统的保护与修复，是推动全球由工业文明转向生态文明建设的纲领性文件。

中国作为世界上最大的发展中国家，一方面，我们必须坚持共建清洁美丽世界的发展理念，认真履行国际公约，积极应对全球气候变化，主动参与全球生态环境治理；另一方面，党的十八大以来我们提出了构建人类命运共同体的倡议，我国在致力于本国生态文明建设的同时，以负责任的大国形象，用实际行动践行可持续发展理念，为全球生态文明建设贡献中国智慧和中国力量。当然，我们应在更深层次和更广泛的范围内谋求更大共识：一是加强"南北对话"，应对全球气候变化，履行共同但有区别的责任；二是加强"南南合作"，重塑全球治理秩序，坚持发展中国家的基本立场，建设全球生态治理的制度性话语权，实现公平正义、共同发展；三是在"一带一路"建设中融入绿色发展理念，加强产能合作，推动形成绿色生产方式，让"一带一路"建设真正成为绿色之路、发展之路、希望之路。

（八）强化生态文明制度系统集成与协同高效

中国特色社会主义制度体系是实践创新、理论创新和制度创新的有机统一，突出了整体性优势，体现了新时代中国特色社会主义现代化建设的问题导向和实践特色。生态文明制度是一个系统完整的体系，新时代生态文明制度改革的重点是加强系统集成、协同高效，既要巩固和深化生态文明制度已有的成果，更要不断推进生态文明制度体系更加定型、更加成熟。

构建一个系统完备、科学规范、运行有效的中国特色社会主义生态文明制度体系，既离不开习近平生态文明思想的最高指导，也离不开解决我国生态文明制度建设面临的现实挑战，更离不开生态文明制度与经济制度、政治制度、文化制度、社会治理制度、科技制度、公众参与制度的全面协同。推进生态文明制度体系建设，首先需要全面系统的改革、联动和集成，处理好顶层设计和分层对接的关系，注重各项改革协调推进，构建政府、企业、公共的多元治理体系；其次，需要优化强制性生态文明制度、选择性生态文明制度、引导性生态文明制度的制度合力；再次，构建源头预防、过程控制、后果严惩的生态文明治理体系；最后，形成生态文明制度建设的目标集成、政策集成、效能集成，在国家生态治理体系和治理能力现代化上形成总体效应、取得总体效果，实现人与自然和谐与共的现代化。

新时代中国特色社会主义生态文明制度建设全方位融合经济、政治、文化、社会、科技等领域的制度建设，从而构成一种深度耦合、交融互补、科学系统的制度建设。历史和实践证明，中国特色社会主义制度是一套完整、系统和不断完善的制度体系，具有鲜明的中国气派、民族风格、时代特征。推进新时代中国特色社会主义生态文明制度建设，要坚持守正与创新的统一，即在守正中求创新、在创新中务守正。

马克思指出："在将来某个特定的时刻应该做些什么，应该马上做些什么，这当然完全取决于人们将不得不在其中活动的那个既定的历史环境。"① 任何事物都要经历一个从不完善到完善的历史过程。一方面，中国

---

① 马克思恩格斯选集（第4卷）[M].北京：人民出版社，2012:541.

特色社会主义生态文明制度必然经历一个长期的完善和发展过程；另一方面，我国社会主义生态文明的制度优越性的发挥也必然需要一个长期的、不断探索而逐渐显现的过程。生态文明制度建设不是建设某一制度的单一进程，而是在整体制度创新基础上的综合创新。我们把坚持党的全面领导融入现代国家制度和国家治理体系建设之中，融入统筹推进"五位一体"总体布局、协调推进"四个全面"战略布局之中，不断实现理论创新和制度创新的具体统一，进一步完善和发展中国特色社会主义生态文明制度体系，彰显中国特色社会主义的独特优势和强大生命力。

本章小结

　　坚持守正，生态文明制度建设便拥有了明确的方向、真正的定力；不断创新，生态文明制度建设便获得了不竭的动力、永久的活力。始终坚持守正与创新的统一，这是中国特色社会主义生态文明伟大实践的最大法宝。新时代生态文明制度改革与创新，必须坚持马克思主义的指导，坚持中国共产党的领导，坚持走社会主义道路，坚持以人民为中心的价值选择。中国特色社会主义生态文明制度建设要遵循继承与创新相结合、"摸着石头过河"和"加强顶层设计"相结合、国内经验与国际经验相结合的基本原则，充分彰显生态文明建设与经济领域、政治领域、文化领域和社会领域等多方面制度变革的深度融合与良好互动。强化新时代中国特色社会主义生态文明制度创新，要把坚定制度自信和坚持改革创新统一起来，做到在守正中求创新、在创新中务守正，不断推进生态文明制度更加成熟、更加定型。同时，我们既要建设中国特色社会主义制度文明，又要坚定中国特色社会主义制度自信，更要保持中国特色社会主义制度自省，不断推动我国生态文明制度的自我发展，永葆中国特色社会主义生态文明制度的生机活力。

结论与展望

　　生态文明是人类发展的新阶段，也是一种人与自然和谐的文明新形态。生态文明建设是一场涉及生产方式、生活方式的深刻变革，要实现这样的根本性变革，离不开制度和法治的保障。制度是管根本、管长远的。人类面临的发展危机根源于"制度危机"，人类文明建设的关键是制度建设；生态环境危机根源于"制度危机"，生态文明建设的关键是制度体系建设。人类面临的生态环境问题首先是一个制度问题，生态文明建设存在根本的制度性差异。资本主义生产方式的本质是反生态的，资本主义制度是造成人类生态危机的根本原因，资本主义无法指引人类走向美好的未来；社会主义能够遵循人与自然、人与社会的发展规律，社会主义与生态文明高度契合，社会主义生态文明代表了人类社会发展的新方向。马克思主义认为，在没有阶级或阶级对抗的社会中，我们能够通过制度改革与制度创新，使得生产关系主动适应生产力的发展要求，促进社会制度迈向更先进的阶段。新时代我们要始终坚持用马克思主义立场、观点和方法，观察和分析我国生态文明制度建设面临的新情况、新问题，用制度创新保证社会主义生态文明建设行稳致远。

　　中国特色社会主义生态文明制度是人类制度文明史上的伟大创造。中国特色社会主义生态文明制度是在中国特色社会主义制度的范畴内，为实现人与自然和谐与共所制定的各种规则的总和。中国特色社会主义生态文明制度是中国共产党把马克思主义基本原理与中国具体实践相结合的重大成果，是推动生态文明建设和环境保护事业发展的根本依据，是新时代中国特色社会主义事业的伟大创举。习近平生态文明思想是马克思主义中国化时代化的最新理论成果，是新时代中国特色社会主义生态文明制度建设的根本遵循，为建设人与自然和谐共生的现代化国家指明了正确方向。我们唯有始终坚持习近平新时代中国特色社会主义思想这一总纲领的指引，始终坚持好、巩固好、发展好中国特色社会主义制度，才能进一步丰富和完善社会主义生态文明制度。

生态文明建设的逻辑起点是工业文明所带来的资源环境问题及其与经济建设、政治建设、文化建设、社会建设高度关联性的问题。党的十八大以来，中国共产党把生态文明建设摆在更加突出的位置，不断健全和完善生态文明制度体系，生态文明建设先后被写入党章和入宪法，上升为党和国家的最高意志。中国特色社会主义国家制度和法律制度是一套行得通、真管用、有效率的制度体系。生态文明制度是中国特色社会主义制度体系的重要组成部分，通过坚持和完善生态文明制度体系，推动生态文明制度更加成熟、更加定型，推动从"中国之制"到"中国之治"根本性转变，实现人与自然和谐共生的现代化国家。

生态文明制度是中国特色社会主义制度体系的有机组成部分，生态文明制度涉及经济、政治、文化、社会、科技等方面。我们既要推动生态文明制度建设和生态文明制度创新，也要注重具体制度之间整体性、系统性和协同性，更要强化各项制度在经济社会发展的各领域和全过程形成有机衔接、相互配套。生态文明制度体系是一个复杂的体系，唯有优化"五位一体"制度的耦合，才能形成最大的制度合力。中国特色社会主义生态文明制度建设既要建章立制，又要构建体系，更要凸显效能，这是生态文明制度建设的内在诉求。构建中国特色社会主义生态文明制度体系，推动国家生态领域治理体系和治理能力现代化，满足人民对美好生活环境的制度期待，进一步推动中国特色社会主义制度的自我完善和自我发展。

坚持党的领导是推进我国生态文明制度建设的根本所在。坚持和完善生态文明制度，推进国家生态文明领域治理体系和治理能力现代化，关键在于牢牢坚持和维护中国共产党的领导。推进新时代中国特色社会主义生态文明制度建设，归根到底在于坚持和完善中国共产党的领导制度，在于坚决维护习近平作为党中央的核心、全党的核心地位，在于坚决维护党中央权威和集中统一领导。科学把握新时期生态文明制度体系建设的总体要求和主要任务，把生态文明制度建设摆在更加突出的位置，彰显了中国共产党对生态环境保护和满足人民群众对美好生活期待的担当。我们要始终坚决贯彻党中央关于坚持和完善生态文明制度体系的战略部署，不断推进生态文明国家治理体系和治理能力现代化，使之成为推动中华民族永续发展最重要的文明力量，努力实现中华民族伟大复兴的美丽中国梦。

马克思主义为什么行？中国特色社会主义为什么好？中国共产党为什么能？回答这三个问题，必须抓住问题的根本。这个根本就是中国共产党领导下的中国特色社会主义道路、理论、制度、文化。中国特色社会主义制度越完善，国家现代化治理所取得的成效越显著。用生态文明制度优势引领中国的可持续发展，让生态文明建设成为中国制度强大生命力和显著优越性的重要体现。事实证明，世界各国不仅在生态经济、绿色发展上"向中国看"，而且在社会主义道路、生态文明制度建设上也"向中国看"，新时代我国实现了从"融入世界"到"引领世界"的转变。

没有中国特色社会主义生态文明制度的现代化，中国特色社会主义生态文明伟大事业就不可能实现。中国特色社会主义生态文明制度建设只有进行时，没有完成时，我们既需要坚持中国特色社会主义生态文明制度自立，又需要坚定中国特色社会主义生态文明制度自信，更需要保持中国特色社会主义生态文明制度自省，不断强化中国特色社会主义生态文明制度创新，不断推进中国特色社会主义生态文明制度更加成熟、更加定型，永葆中国特色社会主义生态文明制度的活力，并为建设美丽新世界贡献中国智慧和中国力量。

人类只有一个地球家园，人类也只有一个共同的未来。建设全球生态文明和美丽地球家园，人类需要一场自我革命。中国将始终站在对全人类文明负责的高度，积极倡导尊重自然、顺应自然、保护自然的理念，积极推动构建国际新秩序，探索人与自然和谐共生之路。中国人民愿同世界人民一道携手共建一个繁荣、清洁、美丽的新世界，并自觉地担当起为全人类创造美好未来的神圣责任！

参考文献

经典著作类

[1] 马克思恩格斯选集（第1—4卷）[M].北京：人民出版社，2012.

[2] 马克思恩格斯文集（第1—10卷）[M].北京：人民出版社，2009.

[3] 列宁选集（第1—4卷）[M].北京：人民出版社，2012.

[4] 毛泽东选集（第1—4卷）[M].北京：人民出版社，1991.

[5] 毛泽东文集（第1—8卷）[M].北京：人民出版社，1993、1993、1996、1996、1996、1999、1999、1999.

[6] 邓小平文选（第1—3卷）[M].北京：人民出版社，1994、1994、1993.

[7] 江泽民文选（第1—3卷）[M].北京：人民出版社，2006.

[8] 胡锦涛文选（第1—3卷）[M].北京：人民出版社，2016.

[9] 习近平谈治国理政（第1—4卷）[M].北京：外文出版社，2018、2017、2020、2022.

国内著作类

[1] 何毅亭.论中国特色社会主义制度[M].北京：人民出版社，2020.

[2] 孙来斌.中国制度守正创新之道[M].长春：吉林人民出版，2020.

[3] 陈晓红，等.生态文明制度建设研究[M].北京：经济科学出版社，2018.

[4] 沈满洪，等.生态文明制度建设研究（上、下）[M].北京：中国环境出版社，2017.

[5] 蔡守秋.生态文明建设的法律和制度[M].北京：中国法制出版社，2017.

[6] 唐世平.制度变迁的广义理论[M].北京：北京大学出版社，2016.

[7] 赵成，于萍.马克思主义与生态文明建设研究[M].北京：中国社会科学出版社，2016.

[8] 周光迅，等.马克思主义生态哲学综论[M].杭州：浙江大学出版社，2016.

[9] 李宏伟.马克思主义生态观与当代中国实践[M].北京：人民出版社，2015.

[10] 王雨辰.生态学马克思主义与生态文明研究[M].北京：人民出版社，2015.

[11] 习近平关于协调推进"四个全面"战略布局论述摘编[M].北京：中央文献出版社，2015.

［12］ 李龙强.生态文明建设的理论与实践创新研究［M］.北京:中国社会科学出版社,
2015.

［13］ 孙国华.中国特色社会主义民主法治研究［M］.北京:中国人民大学出版社,
2015.

［14］ 陶蕾.论生态制度文明建设的路径［M］.南京:南京大学出版社,2014.

［15］ 杨志.中国特色社会主义生态文明制度研究［M］.北京:经济科学出版社,
2014.

［16］ 靳利华.生态文明视域下的制度路径研究［M］.北京:社会科学文献出版社,
2014.

［17］ 胡应南.社会主义制度文明建设研究笔记——从探索时代到制度文明时代的嬗
变［M］.北京:人民出版社,2014.

［18］ 刘湘溶,等.我国生态文明发展战略研究(上、下)［M］.北京:人民出版社,
2013.

［19］ 李娟.中国特色社会主义生态文明建设研究［M］.北京:经济科学出版社,
2013.

［20］ 周鑫.西方生态现代化理论与当代中国生态文明建设［M］.北京:光明日报出
版社,2012.

［21］ 陈学明.谁是罪魁祸首——追寻生态危机的根源［M］.北京:人民出版社,
2012.

［22］ 杜秀娟.马克思主义生态哲学思想历史发展研究［M］.北京:北京师范大学出
版社,2011.

［23］ 孙正聿.马克思主义基础理论研究［M］.北京:北京师范大学出版社,2011.

［24］ 余谋昌.生态文明论［M］.北京:中央编译出版社,2010.

［25］ 崔希福.唯物史观的制度理论研究［M］.北京:北京师范大学出版社,2010.

［26］ 卢风.从现代文明到生态文明［M］.北京:中央编译出版社,2009.

［27］ 辛鸣.制度论——关于制度哲学的理论建构［M］.北京:人民出版社,2005.

［28］ 鲁鹏.制度与发展关系研究［M］.北京:人民出版社,2002.

国外译著类

［1］ (美)亨利·戴维·梭罗.瓦尔登湖［M］.王家新,李昕,译.北京:中信出版
社,2019.

［2］ (美)蕾切尔·卡森.寂静的春天［M］.韩正,译.杭州:浙江工商大学出版社,
2018.

［3］ (美)塞缪尔·亨廷顿.文明的冲突［M］.周琪,等,译.北京:新华出版社,

2018.

[4] （法）阿尔贝特·施韦泽.敬畏生命［M］.陈泽环，译.上海：上海人民出版社，2017.

[5] （美）菲利普·克莱顿，贾斯廷·海因泽克.有机马克思主义——生态灾难与资本主义的替代选择［M］.孟献丽，等，译.北京：人民出版社，2015.

[6] （以）尤瓦尔·赫拉利.人类简史：从动物到上帝［M］.林俊宏，译.北京：中信出版社，2014.

[7] （挪）乔根·兰德斯.2052：未来四十年的中国与世界［M］.秦雪征，等，译.南京：译林出版社，2013.

[8] （英）乔纳森·修斯.生态与历史唯物主义［M］.张晓琼，侯晓滨，译.南京：江苏人民出版社，2011.

[9] （法）卢梭.漫步遐想录［M］.徐继曾，译.北京：中央编译出版社，2011.

[10] （美）李侃如.治理中国：从革命到改革［M］.胡国成，赵梅，译.北京：中国社会科学出版社，2010.

[11] （美）理查德·斯科特.制度与组织［M］.姚伟，王黎芳，译.北京：中国人民大学出版社，2010.

[12] （美）杰克·奈特.制度与社会冲突［M］.周伟林，译.上海：上海人民出版社，2009.

[13] （美）约翰·奈斯比特.中国大趋势：新社会的八大支柱［M］.魏平，译.北京：中华工商联合出版社，2009.

[14] （印）萨拉·萨卡.生态社会主义还是生态资本主义［M］.张淑兰，译.济南：山东大学出版社，2008.

[15] （美）约翰·贝拉米·福斯特.马克思的生态学［M］.刘仁胜，肖峰，译.北京：高等教育出版社，2006.

[16] （美）约翰·贝拉米·福斯特.生态危机与资本主义［M］.耿建新，宋兴无，译.上海：上海译文出版社，2006.

[17] （美）丹尼尔·科尔曼.生态政治［M］.梅俊杰，译.上海：上海译文出版社，2006.

[18] （英）戴维·佩珀.生态社会主义：从深生态学到社会正义［M］.刘颖，译.济南：山东大学出版社，2005.

[19] （美）E·博登海默.法理学：法律哲学与法律方法［M］.邓正来，译.北京：中国政法大学出版社，2004.

[20] （美）詹姆斯·奥康纳.自然的理由——生态学马克思主义研究［M］.唐正东，臧佩洪，译.南京：南京大学出版社，2003.

［21］ （美）罗德里克·弗雷泽·纳什.大自然的权利：环境伦理学史［M］.杨通进，译.青岛：青岛出版社，2000.

［22］ （加）本·阿格尔.西方马克思主义概论［M］.慎之，等，译.北京：中国人民大学出版社，1991.

中文期刊文献类

［1］ 申曙光，宝贡敏，蒋和平.生态文明——文明的未来［J］.浙江社会科学，1994（01）.

［2］ 申曙光.生态文明及其理论与现实基础［J］.北京大学学报（哲学社会科学版），1994（03）.

［3］ 邱耕田.对生态文明的再认识——兼与申曙光等人商榷［J］.求索，1997（02）.

［4］ 邱耕田，张荣洁.大文明——人类文明发展的新走向［J］.江苏社会科学，1998（04）.

［5］ 文正邦.论人类社会三大文明——有关生态文明和制度文明的法哲学思考［J］.现代法学，1999（01）.

［6］ 曹新.论制度文明与生态文明［J］.社会科学辑刊，2002（02）.

［7］ 俞可平.科学发展观与生态文明［J］.马克思主义与现实，2005（04）.

［8］ 王雨辰.制度批判、技术批判、消费批判与生态政治哲学——论西方生态学马克思主义的核心论题［J］.国外社会科学，2007（02）.

［9］ 杜超.生态文明与中国传统文化中的生态智慧［J］.江西社会科学，2008（05）.

［10］ 刘国军.论生态文明建设的制度保障［J］.石河子大学学报（哲学社会科学版），2008（05）.

［11］ 卢风.生态价值观与制度中立——兼论生态文明的制度建设［J］.上海师范大学学报（哲学社会科学版），2009（02）.

［12］ 李本洲.福斯特生态学马克思主义的生态批判及其存在论视域［J］.东南学术，2009（03）.

［13］ 吴宁.消费异化·生态危机·制度批判——高兹的消费社会理论析评［J］.马克思主义研究，2009（04）.

［14］ 陈志尚.论生态文明、全球化与人的发展［J］.北京大学学报（哲学社会科学版），2010（01）.

［15］ 李春秋.马克思恩格斯生态文明观探究［J］.伦理学研究，2010（04）.

［16］ 金延.马克思：历史批判视阈中的生态问题反思［J］.文史哲，2010（01）.

［17］ 张瑞，秦书生.我国生态文明的制度建构探析［J］.自然辩证法研究，2010（08）.

［18］ 徐民华，刘希刚.马克思主义生态思想与中国生态制度建设［J］.江苏行政学

院学报, 2011（05）.

［19］ 孙芬, 曹杰. 论中国生态制度建设的现实必要性和基本思路［J］. 学习与探索,
2011（06）.

［20］ 沈满洪. 生态文明制度的构建和优化选择［J］. 环境经济, 2012（12）.

［21］ 胡守勇. 关于加强生态文明制度建设的14条建议［J］. 重庆社会科学, 2012（12）.

［22］ 林孟涛, 陈开晟. 批判的批判: 生态主义与马克思主义［J］. 马克思主义研究,
2012（08）.

［23］ 余美兰. 论奥康纳"生态"视域下的资本主义批判理论［J］. 福建论坛（人文
社会科学版）, 2012（S1）.

［24］ 郭秀清. 略论生态文明建设与民族复兴［J］. 人民论坛, 2012（32）.

［25］ 张春华. 中国生态文明制度建设的路径分析——基于马克思主义生态思想的制
度维度［J］. 当代世界与社会主义, 2013（02）.

［26］ 李晓菊. 我国生态文化建设的制度缺失及其构建［J］. 福建行政学院学报,
2013（05）.

［27］ 李国平, 汪海洲. 加强生态文明的生态环境制度建设［J］. 新疆师范大学学报
（哲学社会科学版）, 2013（06）.

［28］ 邱跃华, 彭福扬. 制度逻辑下生态文明建设的制度效能［J］. 湖南大学学报（社
会科学版）, 2013（05）.

［29］ 邓翠华. 关于生态文明公众参与制度的思考［J］. 毛泽东邓小平理论研究,
2013（10）.

［30］ 赵景柱. 关于生态文明建设与评价的理论思考［J］. 生态学报, 2013（15）.

［31］ 张艳新, 袁会敏. 生态文明建设的制度经济学分析［J］. 山西师大学报（社会
科学版）, 2013（06）.

［32］ 孙洪坤, 韩露. 生态文明建设的制度体系［J］. 环境保护与循环经济, 2013（01）.

［33］ 陈晓燕. 试析生态马克思主义与生态中心主义之间的理论分歧［J］. 中共福建
省委党校学报, 2014（06）.

［34］ 张荣华, 郭小靓. 生态文明的社会制度基础探析［J］. 山东社会科学, 2014（11）.

［35］ 许婕, 张超. 生态文明的社会制度属性［J］. 思想政治教育研究, 2014（05）.

［36］ 陈海嵩. 中国生态文明制度体系建设的路线图［J］. 内蒙古社会科学（汉文版）,
2014（04）.

［37］ 刘登娟, 邓玲, 黄勤. 以制度体系创新推动中国生态文明建设——从"制度陷
阱"到"制度红利"［J］. 求实, 2014（02）.

［38］ 李佐军, 盛三化. 建立生态文明制度体系推进绿色城镇化进程［J］. 经济纵横,
2014（01）.

[39] 黄娟，汪宗田.美丽中国梦及其实现——兼论生态文明建设：道路、理论与制度的统一[J].理论月刊，2014（02）.

[40] 陈小洁.生态文明制度建设与美丽中国[J].中共云南省委党校学报，2014（01）.

[41] 郭亚红."美丽中国"生态文明制度体系构建与实践路径选择[J].理论与改革，2014（02）.

[42] 王新程.推进生态文明制度建设的战略思考[J].理论视野，2014（06）.

[43] 王丛霞.生态文明制度体系建设的原则探析[J].宁夏党校学报，2014（04）.

[44] 郭世平，李森.建立健全生态文明制度体系探析[J].广西社会主义学院学报，2014（02）.

[45] 王毅，苏利阳.解决环境问题亟需创建生态文明制度体系[J].环境保护，2014（06）.

[46] 刘登娟，黄勤，邓玲.中国生态文明制度体系的构建与创新——从"制度陷阱"到"制度红利"[J].贵州社会科学，2014（02）.

[47] 刘湘溶.关于生态文明体制改革的若干思考[J].湖南师范大学社会科学学报，2014（02）.

[48] 徐水华，陈璇.习近平生态思想的多维解读[J].求实，2014（11）.

[49] 刘思华.关于生态文明制度与跨越工业文明"卡夫丁峡谷"理论的几个问题[J].毛泽东邓小平理论研究，2015（01）.

[50] 卢维良，杨霞霞.改革开放以来中国共产党人生态文明制度建设思想及当代价值探析[J].毛泽东思想研究，2015（03）.

[51] 张平，黎永红，韩艳芳.生态文明制度体系建设的创新维度研究[J].北京理工大学学报（社会科学版），2015（04）.

[52] 徐岩."美丽中国"生态文明制度体系的构建[J].前沿，2015（09）.

[53] 李仙娥，郝奇华.生态文明制度建设的路径依赖及其破解路径[J].生态经济，2015（04）.

[54] 刘建伟.习近平生态文明建设思想中蕴含的四大思维[J].求实，2015（04）.

[55] 陈海嵩.生态文明制度建设要处理好四个关系[J].环境经济，2015（36）.

[56] 刘杰.建立生态文明制度体系研究[J].中国行政管理，2015（03）.

[57] 沈满洪.生态文明制度建设：一个研究框架[J].中共浙江省委党校学报，2016（01）.

[58] 庞庆明，程恩富.论中国特色社会主义生态制度的特征与体系[J].管理学刊，2016（02）.

[59] 李全喜.习近平生态文明建设思想中的思维方法探析[J].高校马克思主义理论研究，2016（04）.

［60］ 徐忠麟，崔娜娜．生态文明制度与文化的通约与融合［J］．重庆大学学报（社会科学版），2016（04）．

［61］ 赵成，于萍．生态文明制度体系建设的路径选择［J］．哈尔滨工业大学学报（社会科学版），2016（05）．

［62］ 刘海霞，马洪建．习近平生态文明建设思想探析［J］．电子科技大学学报（社科版），2016（05）．

［63］ 陈俊，张忠潮．习近平生态文明思想：要义、价值、实践路径［J］．中共天津市委党校学报，2016（06）．

［64］ 仇竹妮，徐德斌．人与自然之间的控制与服从——威廉·莱斯生态学马克思主义思想的批判逻辑［J］．理论学刊，2016（06）．

［65］ 陈伟．生态哲学与批判理论：一个理论结合点［J］．贵州社会科学，2016（07）．

［66］ 陈凌霄．马克思自然观中的生态哲学思想［J］．自然辩证法研究，2016（10）．

［67］ 阮晓菁，郑兴明．论习近平生态文明思想的五个维度［J］．思想理论教育导刊，2016（11）．

［68］ 钱路波．马克思生态经济思想的现实解读及其价值思考［J］．生态经济，2017（09）．

［69］ 梁巍．资本逻辑的生态批判——基于西方生态学马克思主义的视角［J］．学术交流，2017（08）．

［70］ 穆艳杰，吕春晖．福斯特生态学马克思主义的理论核心［J］．学术交流，2017（08）．

［71］ 申森．福斯特生态马克思主义视域下的生态现代化理论批判［J］.国外理论动态，2017（10）．

［72］ 王雨辰．生态文明的四个维度与社会主义生态文明建设［J］．社会科学辑刊，2017（01）．

［73］ 钱春萍，代山庆．论习近平生态文明建设思想［J］．学术探索，2017（04）．

［74］ 陈俊．机理·思维·特点：习近平生态文明思想的三维审视［J］．天津行政学院学报，2017（01）．

［75］ 敫华．建设制度文明坚定制度自信［J］．文化软实力研究，2017（02）．

［76］ 王雨辰，陈富国．习近平的生态文明思想及其重要意义［J］．武汉大学学报（人文科学版），2017（04）．

［77］ 肖贵清，武传鹏．国家治理视域中的生态文明制度建设——论十八大以来习近平生态文明制度建设思想［J］．东岳论丛，2017（07）．

［78］ 詹玉华．生态文明制度四个维度的创新与优化路径研究［J］．江淮论坛，2017（04）．

［79］ 唐鸣，杨美勤.习近平生态文明制度建设思想：逻辑蕴含、内在特质与实践向度［J］.当代世界与社会主义，2017（04）.

［80］ 郇庆治.生态文明及其建设理论的十大基础范畴［J］.中国特色社会主义研究，2018（04）.

［81］ 徐俊.马克思生态思想的当代价值［J］.人民论坛，2018（05）.

［82］ 王雨辰.论马克思的生态哲学思维方式及其价值指向［J］.中山大学学报（社会科学版），2018（02）.

［83］ 孟献丽，左路平.生态马克思主义的生态批判理论及其局限［J］.国外社会科学，2018（03）.

［84］ 黄秋生，朱中华.新时代推进生态文明建设的应然向度：从人民美好生活到全球生态治理［J］.湖南社会科学，2018（03）.

［85］ 杨勇，阮晓莺.论习近平生态文明制度体系的逻辑演绎和实践向度［J］.思想理论教育导刊，2018（02）.

［86］ 张明皓.新时代生态文明体制改革的逻辑理路与推进路径［J］.社会主义研究，2019（03）.

［87］ 方世南.习近平生态文明制度建设观研究［J］.唯实，2019（03）.

［88］ 高婉.新时代中国生态监管制度建设的探讨［J］.农村经济与科技，2019（13）.